油气储产量增长预测与评价软件系统

YOUQI CHUCHANLIANG ZENGZHANG YUCE YU PINGJIA RUANJIAN XITONG

许晓宏 编著

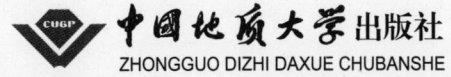

图书在版编目(CIP)数据

油气储产量增长预测与评价软件系统/许晓宏编著．—武汉：中国地质大学出版社，2013.12
ISBN 978-7-5625-2658-2

Ⅰ．油…
Ⅱ．许…
Ⅲ．①油气藏-储量-预测-应用软件-研究②油气藏-储量-评估-应用软件-研究
Ⅳ．TE155-39

中国版本图书馆 CIP 数据核字(2011)第 075110 号

油气储产量增长预测与评价软件系统				许晓宏 编著
责任编辑：王凤林 张晓红				责任校对：张咏梅
出版发行：中国地质大学出版社(武汉市洪山区鲁磨路388号)				邮政编码：430074
电　　话：(027)67883511		传真：67883580		E-mail:cbb@cug.edu.cn
经　　销：全国新华书店				http://www.cugp.cug.edu.cn
开本：787毫米×1 092毫米 1/16				字数：190千字　印张：7.375
版次：2013年12月第1版				印次：2013年12月第1次印刷
印刷：武汉珞南印务有限公司				印数：1—500 册
ISBN 978-7-5625-2658-2				定价：28.00元

如有印装质量问题请与印刷厂联系调换

前　言

加强油气资源科学合理的调查评价,加强油气资源的规划、管理、保护和合理利用,对提高经济发展的保障能力具有十分重要的意义。

油气矿产的资源储量、产量的增长幅度等,均受制于其资源潜力、品质和探明程度。对其资源潜力的评价,则与勘探程度、研究深度紧密相关。随着勘查程度的提高、技术方法的进步、认识的变化,不同时期进行的矿产资源评价、资源潜力预测和数值的估算也会有许多差异。我国油气资源评价方法,也正处在逐步与世界相衔接的过程中,还存在研究方法、评价标准以及统计等方面的差别。

我国目前已经完成了第三次全国油气资源评价工作,以前曾在1981—1987年、1992—1994年组织开展过两次全国性的常规油气资源评价工作。

第一次油气资源评价工作是在石油行业内部组织开展的,在对国外油气资源评价理论和方法进行充分分析的基础上,对国内已掌握的50余种评价方法进行了分析、筛选,结合我国石油地质条件、评价技术和分析化验技术特点,研究并形成了远景资源评价的方法系列。

第二次油气资源评价工作则是在体制变化的情况下,分为陆上和海上两部分进行,基本上采用了比较统一的技术方法和软件评价系统,尤其以盆地模拟为主要方法。

前两次的评价均不包括对非常规油气资源的评价。

第三次的全国油气资源评价工作将建立起国家油气资源统一的评价体系、方法、规范、流程以及评价参数等,还将建立基于地理信息系统(GIS)技术基础之上的信息应用平台,并研究进行评价方法软件的开发和数据交换接口的攻关工作。

根据国家对新一轮油气资源的评价要求,要建立包括统计法、类比法和成因法三大类资源评价方法体系和关键参数体系标准及评价规范,强调了统计法和类比法的应用,特别在高勘探程度的地区突出统计法,强调方法和参数体系的统一。

以往三大石油公司的评价方法和参数体系是各不相同的。中石油强调类比法,而刻度区的建立是类比法应用的基础,为此中石油在全国建立了"勘探程度较高、地质认识程度较高和资源探明率较高"的123个刻度区,通过对每一刻度区的成藏条件、成藏过程、油气分布规律以及资源潜力与地质因素关系的深入解剖,获得了系统的类比评价参数标准;中石化则以成因法为主,大量采用盆地模拟方法;而中海油则以地质模型与统计模型相结合的综合法为主。

在资源潜力分析上,各大石油公司则均未开展油气资源发现趋势和储量、产量增长趋势预测等方面的工作,这应该是今后研究工作的重点。

本专著在对国内外有关资料详细分析解剖的基础上,针对油气储量、产量增长趋势的预测方面进行了技术汇总,并探讨了新的油气储量、产量预测方法的应用体系,在此基础上设计开发了一套运行于Windows环境下的油气储产量预测与评价软件系统,可以满足对油气资源及产量的预测要求。

本专著的撰写得到了中国科学院院士童晓光先生的多次指导,作者在此致以诚挚的谢意!撰写过程中还得到了中国石油勘探开发研究院胡素云、李小地、张国生等专家的帮助,得到了长江大学杨舒教授的协助,在此一并致谢!

目 录

上篇 方法原理

第一章 油田规模序列法模型 ··· (3)
  1. 基本原理 ··· (3)
  2. 计算步骤 ··· (4)
  3. 实验示例 ··· (6)
  4. 问题讨论 ··· (8)

第二章 胡伯特(Hubbert)模型 ·· (10)
  1. 基本原理 ··· (10)
  2. 计算步骤 ··· (11)
  3. 线性拟合算法示例 ··· (12)
  4. 问题讨论 ··· (12)

第三章 指数增长模型(HCZ模型) ··· (14)
  1. 基本原理 ··· (14)
  2. 计算步骤 ··· (14)
  3. 实验示例 ··· (15)
  4. 问题讨论 ··· (17)

第四章 翁(Weng)旋回模型 ··· (18)
  1. 基本原理 ··· (18)
  2. 计算步骤 ··· (20)
  3. 实验示例 ··· (21)
  4. 问题讨论 ··· (24)

第五章 Weibull模型 ·· (25)
  1. 基本原理 ··· (25)
  2. 计算步骤 ··· (26)
  3. 应用示例 ··· (27)
  4. 问题讨论 ··· (30)

第六章 龚帕兹(Gompertz)模型 ··· (31)
  1. 基本原理 ··· (31)

  2. 计算步骤 ……………………………………………………………（31）
  3. 实验示例 ……………………………………………………………（37）
  4. 改进的 Gompertz 模型 ……………………………………………（42）
  5. 问题讨论 ……………………………………………………………（47）
第七章　分形分维模型 ………………………………………………（48）
  1. 基本原理 ……………………………………………………………（48）
  2. 计算步骤 ……………………………………………………………（48）
  3. 实验示例 ……………………………………………………………（50）
  4. 问题讨论 ……………………………………………………………（52）
第八章　灰色系统模型 …………………………………………………（53）
  1. 基本原理 ……………………………………………………………（53）
  2. 计算步骤 ……………………………………………………………（53）
  3. 实验示例 ……………………………………………………………（54）
  4. 问题讨论 ……………………………………………………………（56）

下篇　软件系统

第一章　系统安装 ………………………………………………………（61）
第二章　系统主界面 ……………………………………………………（66）
第三章　系统菜单栏 ……………………………………………………（68）
第四章　系统主工具栏 …………………………………………………（79）
第五章　模型应用操作 …………………………………………………（85）
  1. 胡伯特（Hubbert）预测模型 ………………………………………（85）
  2. 胡伯特改进（指数增长）预测模型 ………………………………（86）
  3. HCZ 法预测模型 …………………………………………………（87）
  4. 翁（Weng）旋回预测模型 …………………………………………（89）
  5. Weibull（威布尔）预测模型 ………………………………………（90）
  6. 龚帕兹（Gompertz）预测模型 ……………………………………（92）
  7. 分形分维预测模型 …………………………………………………（94）
  8. 灰色系统预测模型 …………………………………………………（96）
  9. 油田规模序列法预测模型 …………………………………………（98）
第六章　数据结构定义 …………………………………………………（101）
参考文献 …………………………………………………………………（111）

上篇
方法原理

第一章 油田规模序列法模型

1. 基本原理

"油田规模"(Oilfield Size)是指油气田的最终可采储量。如果某个含油气区经过详细勘探后,发现了全部油气田,并且查清了每个油田的最终可采储量,那么,按最终可采储量由大到小进行排列,所得到的顺序称为油田规模序列。

国内外许多含油气区的统计资料说明,当一个含油气区的最大油田及一系列中小油田被发现后,如果以油田规模为纵坐标,以油田规模的序列号为横坐标,在双对数坐标纸上展点作图,大致可得一条直线,如图1-1所示。

根据这一规律,可以在探区的早期或中期勘探阶段,由已发现油气田的油气储量去预测尚未发现的油气田储量以及全探区总的石油储量。

美国学者齐波夫(G P Zipf)于1949年在他所著的《人类行为与最小省力原则》一书中提出一种规律,这个规律可表述如下:将一组离散型随机变量,由大到小进行排列,如果最大的数值是第二数值的两倍,是第三大数值的三倍,……,依次类推,则称这组离散类型随机变量服从齐波夫定律。

进入20世纪70年代以后,随着计算机技术的推广应用,齐波夫定律逐渐为人们所重视。自1972年以来,相继有人研究齐波夫定律的应用,发现世界各国城市人口的分布,

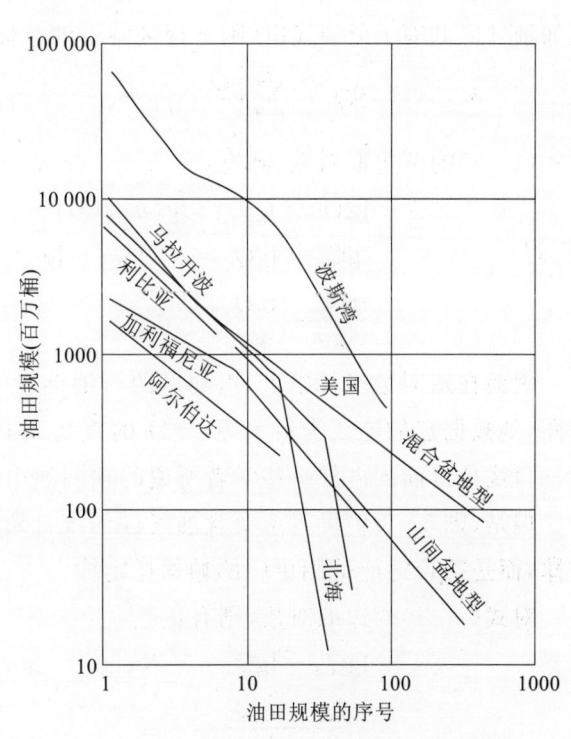

图1-1 世界主要含油气盆地的油田规模序列

英语词汇相对的使用频数等与人类活动有关的各种社会现象大都接近齐波夫定律。

近年来,国内有人应用齐波夫定律研究勘探地区的金属矿床及油气田的规律序列,借以预测尚未发现的矿产储量或油气田储量。

实际上,齐波夫定律是帕累托(Pareto)于1927年所提出的定律特例。帕累托定律可

表述为如下关系式：

$$\frac{Q_m}{Q_n} = \left(\frac{n}{m}\right)^K \tag{1-1}$$

式中：Q_m 为序号等于 m 的随机变量的数值；Q_n 为序号等于 n 的随机变量的数值；K 为实数；m,n 为 $1,2,\cdots$ 整数序列中的任一数值，但 $m\neq n$。

当式(1-1)中的 $K=1$ 时，则为齐波夫定律，即：

$$\frac{Q_m}{Q_n} = \frac{n}{m} \tag{1-2}$$

$$m \times Q_m = n \times Q_n \tag{1-3}$$

一个含油气地区内一组油气田的石油储量属于离散型随机变量，当最大的（第一号）油田被发现，其石油储量为 $Q_{\max}$，若油田规模序列符合齐波夫定律时，则有：

$$Q_{\max} = n \times Q_n \tag{1-4}$$

$$Q_n = \frac{Q_{\max}}{n} \tag{1-5}$$

假如油气区共有 l 个油气田，则全探区的石油总储量 SQ 等于

$$SQ = \sum_{i=1}^{l}\left(\frac{Q_{\max}}{i}\right) \quad (i=1,2,\cdots,l) \tag{1-6}$$

对式(1-3)的两边取对数，则有：

$$\lg(m \times Q_m) = \lg(n \times Q_n)$$

$$\lg Q_m - \lg Q_n = -(\lg m - \lg n)$$

$$\frac{\lg Q_m - \lg Q_n}{\lg m - \lg n} = -1 \tag{1-7}$$

因而在双对数坐标纸上，以油田的石油储量 Q_i 为纵坐标，以油田的序号 i 为横坐标作图，则数据点的连线为斜率等于 -1 的直线。上面的式(1-4)、式(1-5)、式(1-6)、式(1-7)就是目前国内外一些学者所说的预测油田储量的齐波夫定律不同形式的表达式。

但是，图 1-1 中世界主要含油气区的统计资料说明，多数含油气区并不符合齐波夫定律，而是符合适应范围更广的帕累托定律。

对式(1-1)两边取对数，则有：

$$\lg Q_m - \lg Q_n = -K(\lg m - \lg n)$$

$$\frac{\lg Q_m - \lg Q_n}{\lg m - \lg n} = -K \tag{1-8}$$

因而在双对数坐标纸上作图，则数据点的连线为斜率等于 $-K$ 的直线，这样便与图 1-1 中的统计规律相符合了。所以，应当认为油田规模序列的分布规律服从帕累托定律，而服从齐波夫定律仅是其中的特例。

2. 计算步骤

1）由熟悉含油气地区情况的地质家商定油田规模序列的系数 K。这里可以借鉴与含

油气地区在地质条件上相似的探区资料。

如果确定系数 K 有困难,可令 $K = \text{tg}\theta$,θ 的角度值限定在 $25°\sim 65°$ 范围内,并把这一范围分为若干个间隔值,进行多个油田规模序列的拟合计算。

例如,假如取角度值步长为 $5°$ 时,则有如下 9 个间隔值:

tg25°＝0.4663, tg30°＝0.5774, tg35°＝0.7002,
tg40°＝0.8391, tg45°＝1.0000, tg50°＝1.1918,
tg55°＝1.4218, tg60°＝1.7321, tg65°＝2.1445。

其中 tg45°＝1.00 时为齐波夫定律。

2)把探区中已发现的 l 个油田,按储量 $Q_i(i=1,2,\cdots,l)$ 由大到小进行排列,选择储量最大的油田作为推算点。

3)如果探区中已发现的 l 个油田的储量为 $Q_1,Q_2,\cdots,Q_l$,则以推算点 Q_1 去除 Q_i,并求出其值的 K 次方根,得到如下序列 A_i:

$$A_i = \sqrt[K]{\frac{Q_i}{Q_1}} \quad (i=1,2,\cdots,l)$$

4)序列 A_i(表示下列矩阵第 i 行任意元素)乘以正整数 $n=1,2,\cdots$,当 $A_i n$ 的值接近正整数 $1,2,\cdots,m,\cdots$ 时,记入下列矩阵:

$$\begin{bmatrix} A_{11}n & A_{12}n & \cdots & A_{1l}n \\ A_{21}n & A_{22}n & \cdots & A_{2l}n \\ \cdots & \cdots & \cdots & \cdots \\ A_{m1}n & A_{m2}n & \cdots & A_{ml}n \end{bmatrix} \begin{matrix} \approx 1 \\ \approx 2 \\ \cdots \\ \approx m \end{matrix}$$

计算矩阵中各行的标准差 σ:

$$\sigma = \sqrt{\frac{1}{l}\sum_{i=1}^{l}(A_i n - \overline{An})^2}$$

$$\overline{An} = \frac{1}{l}\sum_{i=1}^{l} A_i n$$

当矩阵中第 m 行的标准差 σ 小于给定误差 EP 时,即 $\sigma <$ EP。一般情况下可令 EP＝$0.05\sim 0.1$。此时有:

$$A_i n = \sqrt[K]{\frac{Q_i}{Q_1}} \cdot n \approx m$$

$$\sqrt[K]{\frac{Q_i}{Q_1}} \approx \frac{m}{n}$$

即有: $\dfrac{Q_i}{Q_1} \approx \left(\dfrac{m}{n}\right)^K$

由于 $A_i n$ 已接近正整数 m,所以在给定的误差范围内符合巴内托定律。因而可把第 m 行作为探区油田规模的预测模型序列。

5)把预测模型序列 $A_i n$ 中的每个数值除以 A_i,则可得到探区中已发现油田 Q_1,Q_2,

$\cdots$, Q_l 在预测的油田规模序列中的序号 n(秩)。

$$n = \frac{A_i n}{A_i}$$

而 n 则为 $1,2,\cdots$ 中的某一整数。m 值则为 Q_1(已发现油田中的最大油田储量)在预测的油田规模序列中的序号(秩)。

6)探区中已发现的油田储量 $Q_i(i=1,2,\cdots,l)$ 乘以预测序号 n 的 k 次方幂,则为预测的最大油田(第一号油田)储量 $\hat{Q}_{\max}$。这里以所有已发现油田预测的最大油田储量的平均值作为预测的探区中的最大油田储量,即:

$$\hat{Q}_{\max} = \frac{1}{l} \sum_{i=1}^{l} Q_i n^K \tag{1-9}$$

7)预测的最大油田储量 $\hat{Q}_{\max}$ 除以 $1^K, 2^K, \cdots$,则得到探区中预测的油田规模序列 $\hat{Q}_i$:

$$\hat{Q}_i = \hat{Q}_{\max}/i^K \quad (i=1,2,\cdots,P) \tag{1-10}$$

当油田规模序列的某一储量 $\hat{Q}_{P+1} < Q_{\min}$ 时截断序列。$Q_{\min}$ 为人为规定的在当时技术水平下的最小经济油田的储量值。

8)预测全探区总的石油储量(或资源量)$S\hat{Q}$:

$$S\hat{Q} = \sum_{i=1}^{P} \hat{Q}_i = \sum_{i=1}^{P} (\hat{Q}_{\max}/i^K) \quad (i=1,2,\cdots,P) \tag{1-11}$$

9)按 $K = \mathrm{tg}25° \sim \mathrm{tg}65°$ 范围内的步长计算 S 个预测的油田规模序列 $\hat{Q}_j$ ($j=1,2,\cdots,S$),再计算每个预测序列中已发现油田的实际储量与所预测的储量之间的标准差 σ:

$$\sigma = \sqrt{\frac{1}{l} \sum_{i=1}^{l} (Q_i - \hat{Q}_{ji})^2} \quad (j=1,2,\cdots,S) \quad (i=1,2,\cdots,l) \tag{1-12}$$

式中:Q_i 为探区中已发现油田的实际储量;$\hat{Q}_{ji}$ 为第 j 个预测序列中已发现的第 i 个油田的预测储量。最后选定 σ 值最小的序列作为预测的油田规模序列。

10)上述计算结果仅是从数学运算中得出的预测值,是否符合实际地质情况,还需要由熟悉探区情况的地质家们讨论商榷。

3. 实验示例

某探区经钻探已发现 4 个油田,石油地质储量分别为 149.143×10^4t、61.567×10^4t、34.375×10^4t、27.277×10^4t。

1)由于该区是个新探区,所以很难确定油田规模序列的系数 K。因而需要通过多次拟合计算,经计算确定 $K = \mathrm{tg}60° = 1.732$。

2)把已发现的 4 个油田,按储量由大到小进行排列:

$$Q_1 = 149.143 \times 10^4 \mathrm{t}, \qquad Q_2 = 61.567 \times 10^4 \mathrm{t},$$
$$Q_3 = 34.0375 \times 10^4 \mathrm{t}, \qquad Q_4 = 27.277 \times 10^4 \mathrm{t}。$$

以最大油田储量 149.143×10^4t 作为推算点。

3) 用推算点 Q_1 去除 Q_1, Q_2, Q_3, Q_4，并求所得之商的 K 次方根，得到 A_i 序列：

$$A_1 = \sqrt[K]{\frac{Q_1}{Q_1}} = 1.0, \qquad A_2 = \sqrt[K]{\frac{Q_2}{Q_1}} = 0.6,$$

$$A_3 = \sqrt[K]{\frac{Q_3}{Q_1}} = 0.4286, \quad A_4 = \sqrt[K]{\frac{Q_4}{Q_1}} = 0.375。$$

4) 把序列 $A_i(i=1,2,3,4)$ 乘以正整数 $1,2,\cdots$ 中的某一值，当乘积值接近正整数时则得到 $A_i n$ 序列，记入下列矩阵：

$$\begin{bmatrix} 1.0 & 1.199 & 0.857 & 1.125 \\ 2.0 & 1.799 & 2.143 & 1.875 \\ 3.0 & 2.999 & 2.999 & 2.999 \end{bmatrix} \begin{matrix} \approx 1 \\ \approx 2 \\ \approx 3 \end{matrix}$$

计算到第三行时，标准差 σ 等于 0.000 63，即可认为已符合巴内托定律，因而可把第三行作为油田规模的预测模型序列。

5) 预测模型序列 $A_i n$ 被 A_i 序列中的对应值去除，则得到已发现油田 Q_1, Q_2, Q_3, Q_4 在预测的油田规模序列中的序号：

$$\frac{3.0}{1.0} = 3, \frac{2.999}{0.6} = 5, \frac{2.999}{0.4286} = 7, \frac{2.999}{0.375} = 8$$

即已发现的 4 个油田 Q_1, Q_2, Q_3, Q_4 在预测的油田规模序列中的序号为 3, 5, 7, 8。

6) 已发现的 4 个油田储量 Q_1, Q_2, Q_3, Q_4 分别乘以预测序号的 K 次方幂 $3^K, 5^K, 7^K, 8^K$ 则得到预测的最大油田储量 $\hat{Q}_{\max}$。

$$149.143 \times 3^K = 1000.0026, \qquad 61.567 \times 5^K = 999.999,$$

$$34.375 \times 7^K = 999.9895, \qquad 27.277 \times 8^K = 999.9870。$$

这 4 个预测值的平均值 999.99×10^4 t 就是探区中最大油田储量 $\hat{Q}_{\max}$ 的预测值。

7) $\hat{Q}_{\max}$ 分别除以 $1^K, 2^K, \cdots$，则得到预测的探区油田规模序列 $\hat{Q}_1, \hat{Q}_2, \cdots$，这里暂定最小经济油田的储量值 $\hat{Q}_{\min} = 10 \times 10^4$ t，则得如下预测结果：

$$\hat{Q}_1 = 999.995, \qquad \hat{Q}_2 = 301.002, \qquad \hat{Q}_3 = 149.142,$$

$$\hat{Q}_4 = 90.615, \qquad \hat{Q}_5 = 61.567, \qquad \hat{Q}_6 = 44.895,$$

$$\hat{Q}_7 = 34.375, \qquad \hat{Q}_8 = 27.227, \qquad \hat{Q}_9 = 22.243,$$

$$\hat{Q}_{10} = 18.533, \qquad \hat{Q}_{11} = 15.713, \qquad \hat{Q}_{12} = 13.515,$$

$$\hat{Q}_{13} = 11.765, \qquad \hat{Q}_{14} = 10.348。$$

预测结果在双对数坐标纸上展点连线成一直线，$\theta = 60°$，$\text{tg}60° = 1.732$，如图 1-2 所示。

8) 全探区的总石油储量 $S\hat{Q}$ 为：

$$S\hat{Q} = \sum_{i=1}^{14} \hat{Q}_i = 1801.004 \times 10^4 \text{(t)}$$

9) 为预测本探区的油田规模序列，共做了 9 次拟合计算。当 $\theta = 60°$，即 $\text{tg}60° = 1.732$ 时，已发现油田的实际储量与所预测的储量之间的标准差 $\sigma = 0.000 63$，所以被选定为预

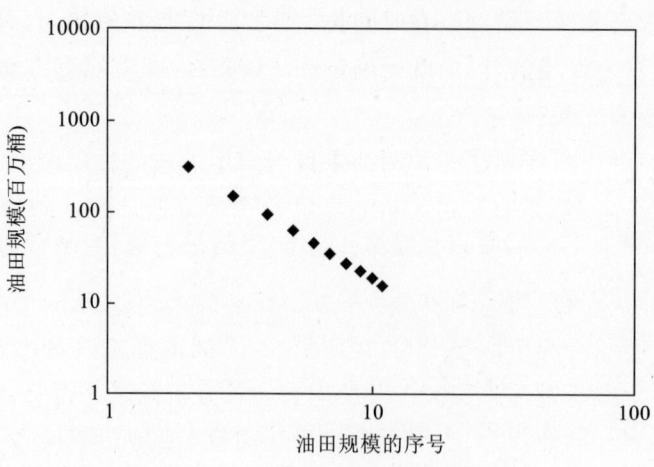

图 1-2 某探区油田规模预测序列

测序列。

10)这一计算结果,经有关地质人员分析,认为比较符合探区的地质情况。

4. 问题讨论

油田规律序列法的实质是根据已发现的油田储量,应用帕累托定律预测一个含油气地区中尚未发现的油气田储量(或资源量)以及全区总的石油储量(或资源量)的一种外推预测方法。

然而,直至目前为止尚不能从油气形成的地质理论上圆满解释油气规模序列的形成机理。可以认为由于任何地质过程都受概率法则支配,所以对于一个含油气地区的油田规模序列分布,暂且可以从统计规律方面去理解。

油田规模序列法适用于一个完整的、独立的石油地质体系,即该地质体系内的油气生成、运移、聚集以及尔后的地质变迁都是在同一石油地质演化历史条件下形成的,也就是说目前所要预测的含油气地区的油气田(或油气藏)的分布规律具有统一的形成原因。

1)近年来,国内不少地质研究单位应用齐波夫定律预测各种金属矿床及油田规模序列分布规律,但作者认为齐波夫定律的适应范围较窄,而帕累托定律的适应范围较广,根据国内外主要含油气区的统计资料表明,式(1-8)中的系数 K 值的变化范围在 0.5~2.0 之间。这一情况说明,石油地质问题的复杂性导致了油田规模序列分布的多样性。所以,系数 K 等于1的齐波夫定律,只能作为油田规律序列分布的特例,应当以帕累托定律作为金属矿床及油田规模序列分布的理论预测公式。

2)地质学研究的对象,包括各种地质过程及观测结果,都普遍地受概率法则支配或影响,因而有人认为地质现象可视为随机事件,地质观测结果具有随机变量性质。苏联的著名数学地质学者维斯捷列乌斯于1977年曾指出:"地质对象是由一些单个单元联合起来的,这种联合是遵循概率法则的。"

实际上,地质学研究的问题都具有时间长、空间广、因素多的特点,而且又是在多种地质因素互相交织中发生发展的,因而既受确定性法则支配,又在很多方面受到偶然性因素的影响,即受概率法则支配。

所以,尽管对油田规模序列法的预测结果目前尚不能从地质理论上做出满意的解释,但是应当承认,世界各主要含油气地区的油田规模序列普遍地服从帕累托定律。因而使用油田规模序列法预测探区中尚未发现的石油储量(或资源量)是可行的。

3)油田规模序列法的预测结果带有多解性。在系数 K 不清楚的情况下,要经过多次拟合计算才能选出已发现油田储量 Q_i 与预测值 $\hat{Q}_i$ 之间的标准差最小的油田规模序列。而且这个预测结果还要经过熟悉探区情况的地质人员分析判断是否符合实际情况。

4)当探区已发现一批油田时,应从中选择出油田储量数据可靠的数据作为预测的依据,储量数据不可靠的绝对不要使用。例如在某油田正打探边井,有可能增加储量,油田的储量参数还需要验证的情况下,这个油田的储量依据不能作为油田规模序列法的预测依据,否则将会得出错误的预测结果。

5)图 1-1 中的世界主要含油气盆地的实际资料说明,有些含油气盆地如波斯湾、北海等油区规模序列在双对数坐标上不是直线,而是折线。这意味着这些含油气盆地可能存在多期成油过程,也即可能存在多个油田规模序列时,应当对油田规模序列进行筛分,分解出成因不同或成油期不同的多个相互独立的油田规模序列后再进行处理。

第二章　胡伯特(Hubbert)模型

胡伯特(M King Hubbert),地球物理学家,美国得克萨斯州人士,1943年加入壳牌石油集团的休斯敦公司。他在地球物理界有许多杰出贡献,研究范围甚广,从基础科学到石油、天然气储备,在美国和全世界享有盛名。1949年他使用统计和物理方法计算出石油、天然气的全球储量,然后提出了尖锐的增长消耗量公式,预言不久的将来人类将无石油可用,直接触发了环保运动的兴起。1956年他预言,石油产量顶峰将会在美国发生,时间大约是1966—1971年,后来事实果真如此,之后其威名如日中天,被邀请加入多个政治集团的班底,成为肯尼迪总统的座上宾。亦因为此,20世纪70年代后美国人大力开发中东地区,使阿拉伯世界经济腾飞,阿拉伯控制着石油,使美国呼吸不畅,于是美国援助犹太人回归故土,意图制衡中东局势,中东战争爆发。

胡伯特有一个著名的50%法则,即当石油产量达到其储量(可采储量)的50%时,油田压力下降,开采成本上升,石油产量便见顶(习惯上称为"胡伯特顶峰Hubbert Peak"),油价即升易跌难,全球油田在2006年前后进入中年。胡伯特顶峰很容易让人想起苏俄经济学家康德拉基耶夫的"康氏周期"模型,其实"分形之父"曼德勃罗很早就说:相似永远存在,只有大小上的不同,并无结构上的区别。石油在20世纪50～70年代完成了康氏周期所称的繁荣期,70年代至今是个"康氏高原"(形态上的不同处是:康氏周期高原期不创新高),此时期石油行业蓬勃发展,2006年后进入高原尾声,产油量应当心突然暴跌。

1. 基本原理

胡伯特模型实际上就是数学上的逻辑斯蒂(Logistic)模型,Logistic模型属于"S"形曲线中最著名的一种,早先主要用于描述动植物的自然生长过程,故又称生长曲线。生长过程的基本特点是开始增长较慢,而在以后的某一范围内迅速增长,达到一定的限度后增长又缓慢下来,曲线呈拉长的"S",故称"S"形曲线。它最早由比利时数学家P F Verhulst于1838年导出,但直至20世纪20年代才被生物学家及统计学家R Pearl和L J Reed重新发现,并逐渐被人们所重视。胡伯特将其用于石油产量的预测取得了极大的成功。

逻辑斯蒂(Logistic)模型可写成如下通用形式

$$x = \frac{K}{1 + Ae^{-Bt}} \tag{2-1}$$

式中:t为时间间隔(或称时间变程),$t = y - y_0$,y_0为起始时刻,y为截止时刻;K为x变化的上限;A,B为拟合系数。

B为成长率,如果$B < 0$时,则该模型可以表示一个体系的晚期变化过程,即

的过程。因此,可以用这一模型预测一个探区晚期勘探阶段的累积储量缓慢增长的过程,特别是适合预测一个油田的开采末期的石油产量变化过程。

如果 $B>0$ 时,则该模型可以表示一个体系发展到最后的极限过程。即:
$$\lim_{t\to\infty}x \to C$$
的过程,因此,可用这一模型预测一个油田的含水率变化过程。

用逻辑斯蒂模型预测油田综合含水率时,x 表示含水率,它的极限为:
$$\lim_{t\to\infty}x \to 1$$
所以,式(2-1)中的 $K\leqslant 1$。

曲线在 $x=\ln A/B$ 时有一拐点,这时 $x=C/2$,恰好是终极量 C 的一半,称为参数 x 的高峰期,也是量变最快的时期。在拐点左侧,曲线凹向上,表示变化速率由小趋大;在拐点右侧,曲线凸向上,变化速率由大趋小。

2. 计算步骤

1)线性拟合算法(事先已知模型中的 K 值)。

为确定式(2-1)中的拟合系数 A,B,可作如下变换:

$$\frac{K}{x} = 1 + Ae^{-Bt}$$

$$\frac{K}{x} - 1 = Ae^{-Bt}$$

$$\ln\left(\frac{K}{x} - 1\right) = \ln A - Bt = \ln A - B(y - y_0)$$

令:$U = \ln\left(\dfrac{K}{x} - 1\right), a = \ln A$

则有:$U = a + (-Bt)$。

至此,可用一元线性回归求出 a,B 拟合系数,回代到式(2-1)即可预测油田的含水率变化。

2)牛顿迭代算法(事先不知模型中的 K 值)。

根据 K 是生长过程中的终极量的特点,可由两种方法进行 K 值初值的估计:①如果 x 是累积频率,则显然 $K=100\%$;②如果 x 是生长量或繁殖量,则可取 3 对观察值 (x_1,y_1)、(x_2,y_2) 和 (x_3,y_3),分别代入后得到联立方程:

$$\begin{cases} y_1 = K/(1+ae^{bx_1}) \\ y_2 = K/(1+ae^{-bx_2}) \\ y_3 = K/(1+ae^{-bx_3}) \end{cases}$$

若令 $x_2 = (x_1+x_3)/2$,则可解得:

$$K = \frac{y_2^2(y_1+y_3) - 2y_1y_2y_3}{y_2^2 - y_1y_3}$$

有了 K 的初值估值后,即可采用牛顿迭代算法进行处理。

牛顿迭代算法的设计思想是将非线性求解的过程逐步线性化。其迭代函数为:
$$\varphi(x) = x - f(x)/f'(x)$$

牛顿迭代算法的突出优点是收敛速度快,但它有个明显的缺点,即每步的迭代需要提供导数值,如果函数比较复杂,则处理就不太方便,此时可采用弦截法进行处理,其迭代函数为:
$$x_{k+1} = x_k - f(x_k)(x_k - x_0)/[f(x_k) - f(x_0)]$$

3. 线性拟合算法示例

示例 巴夫雷油田是苏联较早采用边外注水、保持油层压力进行开发的油田之一,储层为岩性均匀的砂岩和粉砂岩,渗透率较高,为 $600 \times 10^{-2} \mu m^2$,孔隙度 20.6%,油层厚度 11m,埋藏深度 1750m。油田面积 118km²,地质储量 1.1×10^8 t,设计采收率为 65%,可采储量为 6500×10^4 t。巴夫雷油田从 1948 年开始开发,1974 年底采出程度已达 51.6%,1980 年的油田产量只有 50×10^4 t 左右,目前已进入油田开发晚期。

经计算,巴夫雷油田年度综合含水率(图 2-1)的逻辑斯蒂模型的表达式为:
$$x = 0.95/(1.0 + 76.412 e^{-0.209t})$$
$$t = y - 1948$$

用一元线性回归方法计算拟合系数 A、B 时的相关系数 $R = 0.971$。

巴夫雷油田历年实际综合含水率以及预测的综合含水率见表 2-1。

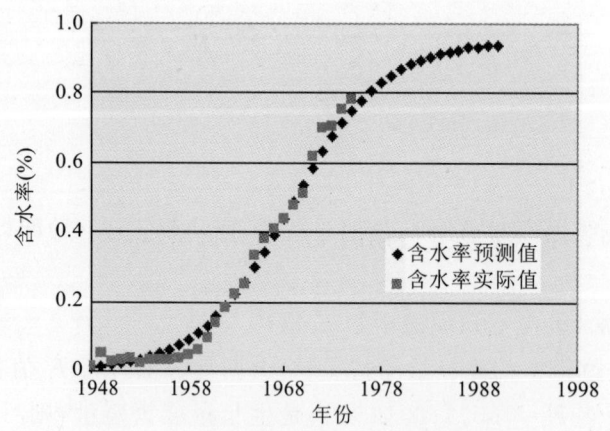

图 2-1 巴夫雷油田综合含水率预测曲线

4. 问题讨论

在采用线性拟合算法时,需事先给定模型的 C 值,C 值的确定要由熟悉油田地质情况的地质家们商定,如果确定有困难,则采用牛顿迭代法的效果要好,计算精度也要高些,但是否符合实际情况需要考虑,因为数学上的最优解不一定就是地质上的最佳预测值。

表 2-1　巴夫雷油田综合含水率预测数据表

年份	实际综合含水率(%)	预测综合含水率(%)	年份	实际综合含水率(%)	预测综合含水率(%)	年份	实际综合含水率(%)	预测综合含水率(%)
1948	0.016	0.012	1963	0.220	0.220	1978		0.831
1949	0.052	0.015	1964	0.250	0.258	1979		0.851
1950	0.028	0.019	1965	0.331	0.299	1980		0.868
1951	0.036	0.023	1966	0.383	0.343	1981		0.883
1952	0.037	0.028	1967	0.412	0.391	1982		0.895
1953	0.023	0.034	1968	0.440	0.439	1983		0.904
1954	0.035	0.042	1969	0.480	0.489	1984		0.913
1955	0.036	0.051	1970	0.514	0.538	1985		0.920
1956	0.036	0.062	1971	0.620	0.586	1986		0.925
1957	0.037	0.075	1972	0.699	0.632	1987		0.930
1958	0.048	0.091	1973	0.706	0.675	1988		0.934
1959	0.061	0.110	1974	0.755	0.714	1989		0.937
1960	0.096	0.132	1975	0.785	0.749	1990		0.939
1961	0.141	0.158	1976		0.780			
1962	0.185	0.187	1977		0.807			

此模型的最大优点是有一个常数 K 控制了趋势的限值，这对总量是有限的资源量的预测是十分有效的。

该方法适合于拟合从中后期至后期的生命周期趋势，也就是在油气勘探的中后期比较适用。

第三章 指数增长模型(HCZ 模型)

1. 基本原理

我们可将指数增长模型用于油气产量预测,假设增长率 r 随时间 t 变化,即 r 是 t 的函数,从而得到油气田的累积产量 N_p 与开发时间 t 的关系:

$$\frac{dN_p}{dt} = r(t)N_p$$

如果开发时间 t 以年为单位,则油气田的年产量 $Q = \frac{dN_p}{dt}$,方程可改写成

$$\frac{Q}{N_p} = r(t) \tag{3-1}$$

现在问题的关键是寻找油气产量的增长率 $r(t)$。1995 年有人通过对国内外一些油气田开发资料的统计研究,得出结论:油气田的产量与累积产量之比(Q/N_p),与其开发时间 t 存在着较好的半对数关系,即

$$\lg \frac{Q}{N_p} = A - Bt$$

或写成

$$\frac{Q}{N_p} = a \cdot e^{-bt} \tag{3-2}$$

其中 $a = 10^A, b = \ln 10 \cdot B = 2.303B$。

这实际上也就是根据大量油气田开发实际资料的统计研究和理论上的推导,由胡建国、陈元千和张盛宗所提出的 HCZ 预测模型的算法基础,HCZ 预测模型的基本关系式可表示为:

$$N = N_{\max} \cdot \exp\left(-\frac{\alpha}{\beta} \cdot e^{-\beta t}\right)$$

$$N_n = \alpha N_{\max} \cdot \exp\left(-\frac{\alpha}{\beta} \cdot e^{-\beta t} - \beta t\right)$$

式中:$N_{\max}$ 为最终可探明储量或最终可采储量;t 为相对时间;N 为第 t 年累计探明储量或累计产量;N_n 为第 t 年探明储量或产量;α, β 为拟合系数。

2. 计算步骤

设油气田的可采储量为 N_R,相对应的开发时间为 t_R,由此,便得到预测油气产量的微分方程:

$$\begin{cases} \dfrac{dN_p}{dt} = ae^{-bt}N_p \\ N_p(t_R) = N_R \end{cases}$$

这是一阶线性齐次微分方程，其解为

$$N_p = N_R \exp\left\{\dfrac{a}{b}[\exp(-bt_p) - \exp(-bt)]\right\} \tag{3-3}$$

由于 t_R 很大，$e^{-bt_R} \approx 0$。所以得到预测油气田累积产量的模型为

$$N_p = N_R \exp\left[-\dfrac{a}{b}\exp(-bt)\right] \tag{3-4}$$

对式(3-4)求导，即得油气田年产量的预测模型为

$$Q = a \cdot N_R \exp\left[-\dfrac{a}{b}\exp(-bt) - bt\right] \tag{3-5}$$

为了确定油气田的可采储量 N，我们对式(3-5)两边取常用对数：

$$\lg N_p = \alpha - \beta x \tag{3-6}$$

其中

$$\alpha = \lg N_R, \beta = \dfrac{a}{2.303b}, x = e^{-bt}$$

3. 实验示例

根据某气田1957—1976年共20个年度的产气量数据（表3-1），建立该气田的产量预测模型，并将预测值与实际值进行比较。

表3-1 某气田年产量示例数据

年份	1957	1958	1959	1960	1961	1962	1963
产量($\times 10^8 m^3$)	19	43	59	82	92	113	138
年份	1964	1965	1966	1967	1968	1969	1970
产量($\times 10^8 m^3$)	148	151	157	158	155	137	109
年份	1971	1972	1973	1974	1975	1976	
产量($\times 10^8 m^3$)	89	79	70	60	53	45	

计算过程如下：

第一步：根据油气田实际生产数据，利用线性回归求得截距 A 和斜率 B，进而计算出 a、b 之值。

$A = -0.0215995, B = 0.0809426; a = 10\hat{A} = 0.9515, b = \lg[10.0] * B = 0.1864$

第二步：计算出不同时间的 $x(=e^{-bt})$ 和 $\lg N_p$，并进行 N_p 与 x 的线性回归，求得截距

a 和斜率 β。

$$a = 3.368\,32, \beta = 2.356\,78$$

第三步：计算出油气田的可采储量 $N_R = 10^a$。

第四步：将 a、b 和 N_R 的值代入，即得预测油气田的累积产量和年产量的计算公式。

第五步：利用所得计算公式，计算相应年份累积产量 N_p 和年产量 Q 的预测值。

从表 3-2、图 3-1、图 3-2 中可以看出，预测结果是令人满意的。

表 3-2 实际值与预测值对照表

年份	t(a)	$Q(\times 10^8 \text{m}^3/\text{a})$		$N_p(\times 10^8 \text{m}^3)$	
		实际值	预测值	实际值	预测值
1957	1	19.0	26.647	19.0	
1958	2	43.0	45.457	62.0	69.356
1959	3	59.0	68.603	121.0	126.117
1960	4	82.0	93.527	203.0	207.160
1961	5	92.0	117.186	295.0	312.745
1962	6	113.0	136.899	408.0	440.207
1963	7	138.0	150.897	546.0	584.626
1964	8	148.0	152.492	694.0	739.855
1965	9	151.0	159.935	845.0	899.552
1966	10	157.0	156.116	1002.0	1057.970
1967	11	158.0	148.242	1160.0	1210.430
1968	12	155.0	137.580	1315.0	1353.520
1969	13	137.0	125.282	1452.0	1485.050
1970	14	109.0	112.298	1561.0	1603.860
1971	15	89.0	99.351	1650.0	1709.660
1972	16	79.0	86.947	1729.0	1802.750
1973	17	70.0	75.409	1799.0	1883.840
1974	18	60.0	64.914	1859.0	1953.910
1975	19	53.0	55.534	1912.0	2014.040
1976	20	45.0	47.265	1957.0	2065.350

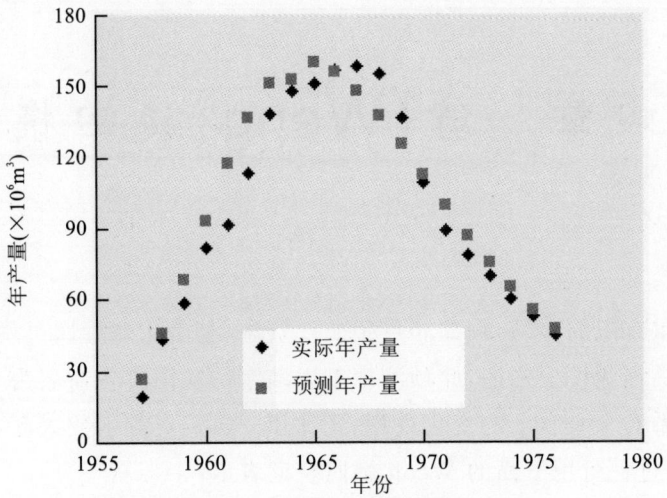

图 3-1 某气田年产量数据预测示例

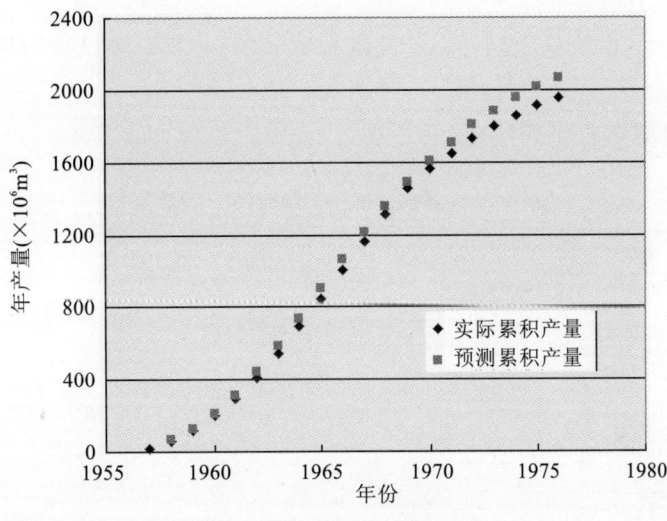

图 3-2 某气田累积产量数据预测示例

4. 问题讨论

此模型的最大缺点是具有无限增长的趋势，这对总量是有限的资源量和储产量的预测是不匹配的，因而在使用时要引起注意。

第四章 翁(Weng)旋回模型

1. 基本原理

对于生命总量有限的体系,例如非再生矿产资源,整个生命旋回可用我国著名科学家翁文波教授提出的预测模型描述,此预测模型以翁字的汉语拼音命名为 Weng 旋回模型。

假设某一体系 Q 随时间 t 的变化过程,正比于 t 的 n 次方函数兴起,同时随 t 的负指数函数衰减,这一过程可用下面的 Weng 旋回模型表示:

$$\begin{cases} Q_t = Bt^n \mathrm{e}^{-t} \\ t = (y - y_0)/C \end{cases} \quad (t \geqslant 0) \tag{4-1}$$

式中:n 为 $0,1,2,\cdots$,正整数序列;y_0 为生命起始时刻;y 为生命过程时间;B,C 为拟合系数。

Weng 旋回模型具有如下性质:

1) $\dfrac{\mathrm{d}Q_t}{\mathrm{d}t} = Bnt^{n-1}\mathrm{e}^{-t} - Bt^n\mathrm{e}^{-t} = Bn\dfrac{t^n}{t}\mathrm{e}^{-t} - Bt^n\mathrm{e}^{-t} = Bt^n\mathrm{e}^{-t}\left(\dfrac{n}{t} - 1\right) = Q_t\left(\dfrac{n}{t} - 1\right)$

所以,当 $t < n$ 时:$\dfrac{\mathrm{d}Q_t}{\mathrm{d}t} > 0$;

当 $t = n$ 时:$\dfrac{\mathrm{d}Q_t}{\mathrm{d}t} = 0$;

当 $t > n$ 时:$\dfrac{\mathrm{d}Q_t}{t} < 0$。

2) $\dfrac{\mathrm{d}^2 Q_t}{\mathrm{d}t^2} = B[n(n-1)t^{n-2}\mathrm{e}^{-t} - nt^{n-1}\mathrm{e}^{-t} - nt^{n-1}\mathrm{e}^{-t} + \mathrm{e}^{-t}t^n]$

$= Bt^n\mathrm{e}^{-t}\left[\dfrac{n(n-1)}{t^2} - \dfrac{2n}{t} + 1\right]$

$= Q_t\left[\dfrac{n(n-1) - 2nt + t^2}{t^2}\right]$

$= Q_t\left[\dfrac{1}{t^2}(n^2 - n - 2nt + t^2)\right]$

$= Q_t\dfrac{1}{t^2}[(t-n)^2 - n]$

所以,当 $t = n + \sqrt{n}$ 时:$\dfrac{\mathrm{d}^2 Q_t}{\mathrm{d}t^2} = 0$

当 $t = n - \sqrt{n}$ 时:$\dfrac{\mathrm{d}^2 Q_t}{\mathrm{d}t^2} = 0$

3)体系 Q 的生命总量记作 $\sum_{\infty} Q_t$，则：

$$\sum_{\infty} Q_t = \int_0^{\infty} Q_t \mathrm{d}t$$
$$= \int_0^{\infty} Bt^n \mathrm{e}^{-t} \mathrm{d}t$$
$$= -\int_0^{\infty} Bt^n \mathrm{d}\mathrm{e}^{-t}$$
$$= n\int_0^{\infty} Bt^{n-1} \mathrm{e}^{-t} \mathrm{d}t$$
$$= n(n-1)\cdots 2\int_0^{\infty} Bt \mathrm{e}^{-t} \mathrm{d}t$$
$$= \left[-\int_0^{\infty} Bt \mathrm{d}\mathrm{e}^{-t}\right] n!$$
$$= Bn!$$

4) $\dfrac{Q_t}{\sum_{\infty} Q_t} = \dfrac{t^n \mathrm{e}^{-t}}{n!}$

5)体系 Q 截至时间 t 的生命量记作 $\sum_t Q_t$，则：

$$\frac{\sum_t Q_t}{\sum_{\infty} Q_t} = \frac{\int_0^t Q_t \mathrm{d}t}{\int_0^{\infty} Q_t \mathrm{d}t}$$
$$= \frac{\int_0^t Bt^n \mathrm{e}^{-t} \mathrm{d}t}{Bn!}$$
$$= \frac{\int_0^t t^n \mathrm{e}^{-t} \mathrm{d}t}{n!}$$
$$= \frac{1}{n!} \int_0^t t^n \mathrm{d}\mathrm{e}^{-t}$$
$$= -\frac{t^n}{n!} \mathrm{e}^{-t} + \frac{1}{n!} \int_0^t n t^{n-1} \mathrm{e}^{-t} \mathrm{d}t$$
$$= -\frac{t^n}{n!} \mathrm{e}^{-t} - \frac{t^{n-1}}{(n-1)!} \mathrm{e}^{-t} - \cdots - \frac{t^2}{2!} \mathrm{e}^{-t} - t\mathrm{e}^{-t} + \int_0^t \mathrm{e}^{-t} \mathrm{d}t$$
$$= -\frac{t^n}{n!} \mathrm{e}^{-t} - \frac{t^{n-1}}{(n-1)!} \mathrm{e}^{-t} \cdots - \frac{t^2}{2!} \mathrm{e}^{-t} - t\mathrm{e}^{-t} - \mathrm{e}^{-t} + 1$$
$$= 1 - \mathrm{e}^{-t} \sum_{i=0}^n \frac{t^i}{i!}$$

从以上性质可知，Weng 旋回模型是个收敛模型，所以，适用于生命总量有限体系的外推预测，体系 Q 从兴起到衰亡可分为 4 个阶段：

(1)加速上升阶段：$t = 0 \sim (n - \sqrt{n})$。

(2)一般上升阶段：$t=(n-\sqrt{n})\sim n$。

(3)一般下降阶段：$t=n\sim(n+\sqrt{n})$。

(4)缓慢下降阶段：$t=(n+\sqrt{n})\sim\infty$。

从性质5)可以导出：

$$\sum_{\infty}Q_t = \frac{\sum_t Q_t}{1-e^{-t}\sum_{i=0}^{n}\frac{t^i}{i!}} \tag{4-2}$$

所以体系Q的生命总量$\sum_{\infty}Q_t$可求。

该方法可用于油田产量及最终可采储量的预测。

2. 计算步骤

假定油田的年产量Q_t服从Weng旋回，则式(4-1)中的y_0为油田投产年份的前一年份，因而y_0年份的油田产量$Q_0=0$，y为油田的开采年份。

为确定式(4-1)中的拟合系数n,C，可作如下考虑，即当油田的m个逐年实际产量$Q_i(i=1,2,\cdots,m)$与Weng旋回表达式中的$t^n e^{-t}$之间的线性相关系数R最大时，认定n,C的值为最佳值，此时拟合系数B可求，令：

$$S = \sum_{i=0}^{m}(Q_i-Q_t)^2 = \sum_{i=0}^{m}(Q_i-Bt^n e^{-t})^2$$

$$\frac{dS}{dB} = 2\sum_{i=0}^{m}(Q_i-Bt^n e^{-t})(-t^n e^{-t}) = 0$$

$$\sum_{i=0}^{m}[Q_i(-t^n e^{-t})-Bt^n e^{-t}(-t^n e^{-t})] = 0$$

$$\sum_{i=0}^{m}[B(t^n e^{-t})^2 - Q_i t^n e^{-t}] = 0$$

$$B\sum_{i=0}^{m}(t^n e^{-t})^2 - \sum_{i=0}^{m}Q_i(t^n e^{-t}) = 0$$

$$B = \frac{\sum_{i=0}^{m}Q_i(t^n e^{-t})}{\sum_{i=0}^{m}(t^n e^{-t})^2} \quad (i=0,1,2,\cdots,m) \tag{4-3}$$

线性相关系数R为：

$$R = \frac{\sum_{i=0}^{m}[(t^n e^{-t})-\overline{t_n e^{-t}}](Q_i-\overline{Q_i})}{\sqrt{\sum_{i=0}^{m}[(t^n e^{-t})-\overline{t_n e^{-t}}]^2 \cdot \sum_{i=0}^{m}(Q_i-\overline{Q_i})^2}} \quad (i=0,1,2,\cdots,m)$$

$$\tag{4-4}$$

式(4-4)中：$\overline{Q_i} = \frac{1}{m}\sum_{i=0}^{m}Q_i$；$\overline{t^n e^{-t}} = \frac{1}{m}\sum_{i=0}^{m}(t^n e^{-t})$。

至此，可用迭代法求出拟合系数 n,C。

需要指出的是：确定 n,C 拟合系数时，除了要考虑相关系数 R 值尽可能大以外，还要使 Q_t 与最近时期的油田实际产量 Q_i 尽可能接近。

在预测天然气田的产量时，特别是预测一个大的天然气区或一个国家乃至全球的天然气产量时，Weng 旋回可变化为如下形式：

$$\begin{cases} Q_t = A + Bt^n e^{-t} \\ t = (y - y_0)/C \end{cases} \quad (t \geqslant 0) \tag{4-5}$$

与式(4-1)相比，式(4-5)中增加了一个 A，为发散部分。A 可能包括目前开采工艺水平下尚不能完全采出的非正规天然气部分，或地下水中的溶解气，也可能包括继续生成的现代生物气。

如此考虑，天然气田已与生命总量有限体系含义有出入。但是式(4-5)中的 A 值一般都较小，而且从数学上考虑，式(4-5)只是把式(4-1)从原点(0,0)沿纵坐标平移一段距离，这段距离的长度等于 A。因此，虽然模型中增加了一个发散因素，但是并不影响模型的预测价值。

3. 实验示例

示例 1 罗马什金油田是苏联仅次于萨马特洛尔油田的第二大油田，位于鞑靼自治区共和国东部，于 1948 年发现，1952 年投入开发。储油层为泥盆系砂岩，油层有效厚度 15m，埋藏深度 1650～1850m。油田面积 3800km²，地质储量 45×10^8t。设计采收率 53.1%，可采储量 24×10^8t。油层孔隙度 15%～20%，平均渗透率 3～4μm²。原始地层压力为 175 个标准大气压。1956 年开始至 1974 年，产量在苏联占第一位。1970 年最高产量 8150×10^4t，采油速度 1.81%，年产量 8000×10^4t 保持了 6 年，稳产期末综合含水率为 47.2%，累计采油 11.967×10^8t，采出程度 26.59%，采出可采储量的 49.86%。1960 年油田进入产量下降阶段，1976—1979 年每年产量递减(225～430)$\times 10^4$t，年递减率 2.8%～5.9%，到 1979 年底已累积采油 14.898×10^8t，采出程度 33.11%，含水率在 60%以上。

经计算，罗马什金油田的 Weng 旋回模型的表达式如下：

$$\begin{cases} Q_t = 6031.826 t^3 e^{-t} \\ t = (y - 1951)/7.000 \end{cases}$$

按 Weng 旋回模型预测，罗马什金油田的最终可采储量为：

$$\sum_{\infty} Q_t = 25.954 \times 10^8 \text{(t)}$$

模型预测的年产量与 1952—1979 年油田实际产量之间的相关系数 $R=0.999$，预测的年产油量数据见表 4-1、图 4-1 所示。

按 Weng 旋回模型预测罗马什金油田的产量变化可分为 4 个阶段：①1952—1961 年

为加速上升阶段;②1961—1973 年为一般上升阶段;③1973—1985 年为一般下降阶段;④1985—2000 年以后为缓慢下降阶段。

表 4-1 罗马什金油田产量预测数据表

年份	实际年产量 ($\times 10^4$ t)	预测年产量 ($\times 10^4$ t)	年份	实际年产量 ($\times 10^4$ t)	预测年产量 ($\times 10^4$ t)	年份	实际年产量 ($\times 10^4$ t)	预测年产量 ($\times 10^4$ t)
1952	200	15.244	1969	7900	7838.175	1986		5080.265
1953	300	105.721	1970	8150	7991.276	1987		4792.341
1954	500	309.309	1971	8000	8079.849	1988		4510.278
1955	1000	635.574	1972	8000	8108.287	1989		4235.521
1956	1400	1076.104	1973	8000	8081.597	1990		3969.244
1957	1900	1611.966	1974	8000	8005.170	1991		3712.375
1958	2400	2218.985	1975	8000	7884.583	1992		3465.624
1959	3050	2871.363	1976	7775	7725.435	1993		3229.503
1960	3800	3544.080	1977	7500	7533.225	1994		3004.354
1961	4400	4214.383	1978	7230	7313.245	1995		2790.369
1962	5000	4862.616	1979	6800	7070.511	1996		2587.612
1963	5600	5472.598	1980		6809.711	1997		2396.034
1964	6040	6031.673	1981		6535.162	1998		2215.496
1965	6600	6530.551	1982		6250.800	1999		2045.781
1966	6800	6963.016	1983		5960.166	2000		1886.607
1967	7000	7325.571	1984		5666.413			
1968	7600	7617.040	1985		5372.310			

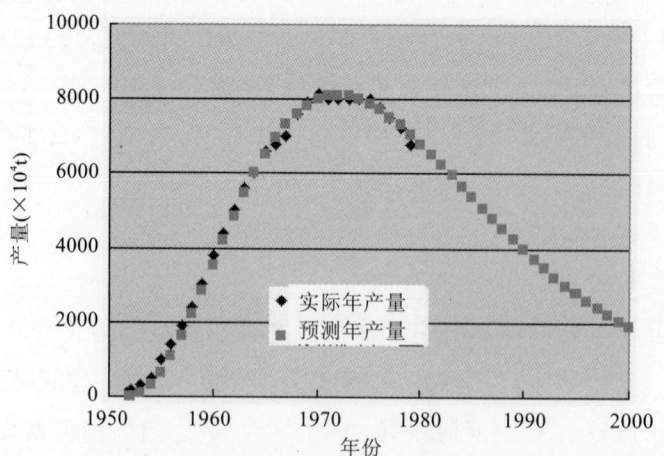

图 4-1 罗马什金油田产量预测图

预测的罗马什金油田的最终可采储量为 26×10^8t，比原来油田开采设计的可采储量 24×10^8t 多出 2×10^8t 可采储量。

示例 2 萨马特洛尔油田是苏联的最大油田，位于西西伯利亚盆地中央，鄂毕河中游，地形低洼，75%的面积是沼泽。1963年经地震查明构造顶部钻井发现了该油田。含油层厚度为 62.7m，埋藏深度 1605~2252m。油田面积 1600km²，地质储量 51.5×10^8t，设计采收率 40%，可采储量 20.6×10^8t。1969 年 4 月投入开发，同年 10 月开始内部切割注水保持地层压力。至 1980 年底已累计采出原油 8.9×10^8t。

经计算萨马特洛尔油田的 Weng 旋回模型的表达式如下：

$$\begin{cases} Q_t = 54.812 + 11\,358.142 t^3 e^{-t} \\ t = (y-1969)/4.000 \end{cases}$$

按 Weng 旋回模型预测，萨马特洛尔油田的最终可采储量为

$$\sum_{\infty} Q_t = 30.034\times10^8 (t)$$

模型预测的年产量与 1969—1980 年油田实际产量之间的相关系数 $R=0.999$。预测的年产量数据见表 4-2、图 4-2 所示。

表 4-2 萨马特洛尔油田产量预测数据表

年份	实际年产量 ($\times10^4$t)	预测年产量 ($\times10^4$t)	年份	实际年产量 ($\times10^4$t)	预测年产量 ($\times10^4$t)
1969	140	54.8	1980	15283	15 155.5
1970	430	193.0	1981		15 323.0
1971	990	915.9	1982		15 173.0
1972	2110	2318.3	1983		14 760.3
1973	3900	4233.2	1984		14 141.1
1974	6120	6410.6	1985		13 368.8
1975	8700	8608.2	1986		12 492.0
1976	11 000	10 632.9	1987		11 552.7
1977	12 818	12 352.1	1988		10 586.3
1978	13 400	13 691.0	1989		9621.1
1979	14 297	14 622.5	1990		8679.1

按 Weng 旋回模型预测萨马特洛尔油田的产量变化可分为 4 个阶段：①1969—1975 年为加速上升阶段；②1975—1981 年为一般上升阶段；③1981—1987 年为一般下降阶段；④1987—1990 年以后为缓慢下降阶段。

预测的萨马特洛尔油田的最终可采储量为 30×10^8t，比原来油田开采设计的可采储量 20.6×10^8t 多出 9 亿多吨。

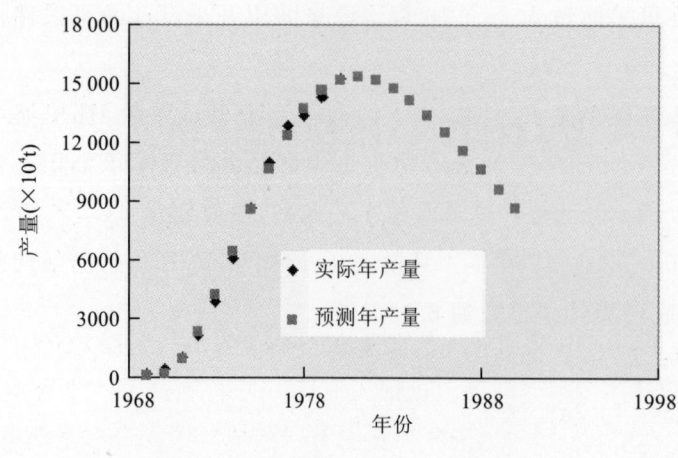

图 4-2 萨马特洛尔油田产量预测图

4. 问题讨论

1) 对国内外众多油气田的计算表明,应用 Weng 旋回模型预测油田产量及最终可采储量是行之有效的。Weng 旋回模型的重要意义在于能够根据油田产量的生产记录预测油田的最终可采储量。特别是可以发现一些油田在以往的计算汇总没有包括进去的潜在可采储量,而这部分储量往往是相当可观的。例如,苏联的罗马什金油田的这部分潜在可采储量约为 2×10^8 t,而萨马特洛尔油田的这部分潜在可采储量竟达 9×10^8 t 以上。我国的许多大油田也有类似情况。

此外,还可以发现由于油层的物性不均匀或采油不合理(如加大油嘴采油,注水采油过晚等原因),可使油田的最终可采储量达不到原设计要求。例如,苏联的乌津油田的地质储量为 10.1×10^8 t,设计采收率 45%,可采储量为 4.55×10^8 t。但是,根据 1965—1979 年油田的实际年产量,按 Weng 旋回模型预测油田的最终可采储量约为 2.2×10^8 t。按 10.1×10^8 t 地质储量计算,采收率只能达到 21.9%。乌津油田出现这种情况的原因可能是储层非均匀性过于严重以及大规模注水采油过晚所致。

2) 油气田资源是生命总量有限体系的特例,因而可以预计 Weng 旋回模型将会在更多的领域中得到应用。

3) Weng 旋回模型是一种唯像的基值预测模型。所谓唯像是指对信息的定义和性质不作任何事先假设,而是从实际资料(例如油田产量记录数据)中找出信息。以这种拟合信息为基础的预测称"基值预测"。

对于和人类活动有关的许多体系,基值预测往往落后于人类的未来实践。原因是唯像的拟合信息只能取自最后信息以前的信源状态,只能反映在当前人类科学技术水平下的体系变化,而不可能反映出今后科学技术发展对预测体系的影响。例如油田在以后采用新的采油工艺,改造低产油层以及调整开发方案等。所以预测结果只能是实际情况的近似。

此外,由于出发点不同,所站角度不同,假设条件不同,基础依据不同,应用方法不同等,因而对同一问题的预测结果可能不一致。

第五章 Weibull 模型

1. 基本原理

基于数理统计学中的威布尔(Weibull,1939)分布所建立的威布尔预测模型,不但可以全过程地预测油气田的产量和累积产量,而且还可以预测油气田可采储量、剩余可采储量、剩余可采储量的储采比,以及预测油气田的最高年产量及其发生的时间。经大量油气田实际应用结果表明,这个预测模型是实用而有效的。

该模型的分布密度 $f(x)$ 表示为:

$$f(x) = \frac{\alpha}{\beta} x^{\alpha-1} e^{-(x^\alpha/\beta)} \tag{5-1}$$

式中:x 为分布变量,根据实际问题,分布区间为 $0 \sim \infty$;α 为控制分布形态的形状参数;β 为控制分布峰位和峰值的尺度参数。

若对式(5-1)进行积分,在 x 为 $0 \sim \infty$ 区间内,可以得到 Weibull 的分布函数值等于1,推证如下:

$$F(x) = \int_0^\infty f(x) \mathrm{d}x = \int_0^\infty \frac{\alpha}{\beta} x^{\alpha-1} e^{-(x^\alpha/\beta)} \mathrm{d}x$$

$$= -\int_0^\infty e^{-(x^\alpha/\beta)} \mathrm{d}(-x^\alpha/\beta) = -e^{-(x^\alpha/\beta)} \Big|_0^\infty = 1 \tag{5-2}$$

为将 Weibull 分布模型用于油气田开发指标的预测,将式(5-1)改写为:

$$Q = \frac{C\alpha}{\beta} t^{\alpha-1} e^{-(t^\alpha/\beta)} \tag{5-3}$$

式中:Q 为油气田的年产量,10^4 t/a(油)或 10^8 m^3/a(气);t 为油气田的开发时间,a;C 为由 Weibull 分布模型转换为油气田开发实用模型的模型转换常数。

油气田的累积产量表示式为:

$$N_p = \int_0^t Q \mathrm{d}t \tag{5-4}$$

式中的 N_p 为油气田的累积产量,10^4 t 或 10^8 t(油),10^8 m^3(气)。

将式(5-3)代入式(5-4),并考虑式(5-2)中的变量变换法,t 从 0 到 t 积分得:

$$N_p = C[1 - e^{-(t^\alpha/\beta)}] \tag{5-5}$$

当 $t \to \infty$ 时,$e^{-(t^\alpha/\beta)} = 0$,则 $N_p = C = N_R$,因此式(5-5)又可改写为:

$$N_p = N_R[1 - e^{-(t^\alpha/\beta)}] \tag{5-6}$$

式中的 N_R 为油气田的可采储量,10^4 t 或 10^8 t(油),10^8 m^3(气)。

在得到上面的结果之后,便可对模型转换常数的性质和作用做这样的说明:由于 Weibull 分布模型在 x 从 0 到 ∞ 区间的分布函数 $F(x)=1.0$,这相当于实际开发的油气田,在 t 从 0 到 ∞ 区间内的累积产量,即油气田的可采储量。因此,为了能够得到式(5-5)的结果,就必须在式(5-3)中引入模型转换常数 C,而该模型转换常数就是油气田的可采储量。因此,可以将式(5-3)再改写为:

$$Q = \frac{N_R \alpha}{\beta} t^{\alpha-1} e^{-(t^\alpha/\beta)} \tag{5-7}$$

为了确定最高年产量发生的时间,由(5-7)式对时间 t 求导数得:

$$\frac{dQ}{dt} = \frac{N_R \alpha}{\beta} t^{\alpha-2} \left[(\alpha-1) - \frac{\alpha}{\beta} t^\alpha \right] e^{-(t^\alpha/\beta)} \tag{5-8}$$

当 $dQ/dt=0$ 时,必然有 $(\alpha-1) - \frac{\alpha}{\beta} t^\alpha = 0$,故可得到最高年产量发生的时间 (t_m) 为:

$$t_m = \left[\frac{\beta(\alpha-1)}{\alpha} \right]^{1/\alpha} \tag{5-9}$$

将式(5-9)代入式(5-7),得到油气田的最高年产量 (Q_{max}) 的表达式:

$$Q_{max} = N_R \left[\frac{\alpha}{\beta} \right]^{1/\alpha} (\alpha-1)^{1-1/\alpha} e^{-[(\alpha-1)/\alpha]} \tag{5-10}$$

再将式(5-9)代入式(5-6),得到油气田最高年产量发生时的累积产量 (N_{pm}) 为:

$$N_{pm} = N_R \{ 1 - e^{-[(\alpha-1)/\alpha]} \} \tag{5-11}$$

油气田的剩余可采储量 (N_{RR}) 表示为:

$$N_{RR} = N_R - N_p \tag{5-12}$$

将式(5-6)代入式(5-12)得:

$$N_{RR} = N_R e^{-(t^\alpha/\beta)} \tag{5-13}$$

剩余可采储量的储采比 (w) 表示为:

$$w = N_{RR}/Q \tag{5-14}$$

将式(5-7)和式(5-13)代入式(5-14)得:

$$w = \frac{\beta}{\alpha t^{\alpha-1}} \tag{5-15}$$

剩余可采储量的采油速度为储采比的倒数,故由式(5-15)得到剩余可采储量采油速度 (v_0) 的表达式为:

$$v_0 = \frac{\alpha t^{\alpha-1}}{\beta} \tag{5-16}$$

式中 v_0 以小数 (f) 表示,若改为百分数(%)表示时,式(5-16)改为下式:

$$v_0 = \frac{100 \alpha t^{\alpha-1}}{\beta} \% \tag{5-17}$$

2. 计算步骤

由原理部分所推导的式(5-6)至式(5-15)可以看出,要利用 Weibull 模型进行各项预测,必须首先确定模型参数 α,β 和 N_R 的数值,方可建立具体的预测模型。而这三个参数的确定,要利用已经取得的实际产量数据,进行拟合最优化求解。因此,可以用线性回归试差分析的最小二乘法。

将式(5-7)改写为:

$$\frac{Q}{t^{\alpha-1}} = \frac{N_R\alpha}{\beta} e^{-(t^\alpha/\beta)} \tag{5-18}$$

再将式(5-18)等号两端取对数得:

$$\lg\frac{Q}{t^{\alpha-1}} = \lg\frac{N_R\alpha}{\beta} - \frac{1}{2.303\beta}t^\alpha \tag{5-19}$$

若设:
$$a = \lg(N_R\alpha/\beta) \tag{5-20}$$
$$b = 1/2.303\beta \tag{5-21}$$

则得:
$$\lg\frac{Q}{t^{\alpha-1}} = a - bt^\alpha \tag{5-22}$$

若给予不同的 α 值,利用式(5-22)进行线性试差法求解,能够得到相关系数最高的直线关系的 α 值,即为欲求的 α 值。此时,当由线性回归方程求得直线的截距(a)和斜率(b)的数值之后,分别代入式(5-20)和式(5-21),确定 N_R 和 β 的数值。

$$N_R = 10^a\beta/\alpha \tag{5-23}$$
$$\beta = 1/2.303b \tag{5-24}$$

3. 应用示例

利用 Weibull 预测模型,对国内外一些大中型油气田进行了历史拟合和未来开发动态的预测,得到了令人满意的结果。下面以俄罗斯著名的罗马什金油田为例(数据见方法 4 的 Weng 旋回部分),说明 Weibull 预测模型的实际应用和求解的方法(图 5-1、表 5-1)。

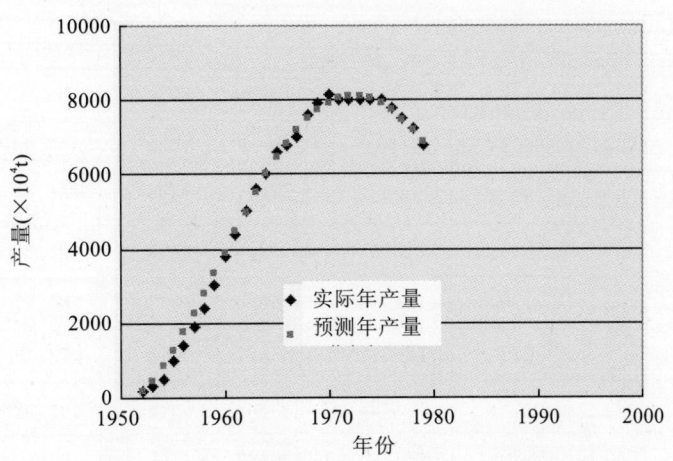

图 5-1 罗马什金油田年产量 Weibull 模型预测图

表 5-1 罗马什金油田实际生产数据和 Weibull 预测结果对比

年份	$t(a)$	$Q(\times 10^4 t/a)$		$N_p(\times 10^8 t)$		$\alpha = 2.448$		N_{RR}	
		实际值	预测值	实际值	预测值	t^α	$Q/t^{\alpha-1}$	$(\times 10^8 t)$	w
1952	1	200	174	0.02	0.0071	1.000	200.00	21.63	1241
1953	2	300	475	0.05	0.0388	5.457	109.96	21.59	455
1954	3	500	851	0.10	0.1046	14.723	101.88	21.53	253
1955	4	1000	1284	0.20	0.2109	29.774	134.34	21.42	167
1956	5	1400	1762	0.34	0.3692	51.414	136.15	21.27	121
1957	6	1900	2272	0.53	0.5644	80.337	141.90	21.07	92.7
1958	7	2400	2806	0.77	0.8182	117.17	143.39	20.81	74.2
1959	8	3050	3355	1.075	1.1261	162.47	150.18	20.50	61.1
1960	9	3800	3908	1.445	1.4893	216.76	157.77	20.14	51.5
1961	10	4400	4458	1.895	1.9076	280.54	156.84	19.72	44.2
1962	11	5000	4995	2.395	2.3804	354.27	155.25	19.25	38.5
1963	12	5600	5511	2.955	2.9059	438.36	153.30	18.72	34.0
1964	13	6040	5998	3.559	3.4816	533.25	147.98	18.15	30.2
1965	14	6600	6448	4.219	4.1042	639.32	144.53	17.53	27.2
1966	15	6800	6855	4.899	4.7697	756.96	134.75	16.86	24.6
1967	16	7000	7212	5.599	5.4735	886.51	126.34	16.16	22.4
1968	17	7600	7515	6.359	6.2103	1028.3	125.64	15.42	20.5
1969	18	7900	7759	7.149	6.9754	1182.8	120.22	14.66	8.9
1970	19	8150	7941	7.963	7.7600	1350.2	114.69	13.87	17.5
1971	20	8000	8059	8.764	8.5605	1530.8	104.52	13.07	16.2
1972	21	8000	8114	9.564	9.3697	1725.0	97.39	12.26	15.1
1973	22	8000	8105	10.364	10.1811	1933.1	91.05	11.45	14.1
1974	23	8000	8034	11.164	10.9886	2155.3	85.37	10.64	13.2
1975	24	8000	7904	11.964	11.7860	2392.0	80.27	9.84	12.5
1976	25	7775	7720	12.742	12.5677	2643.4	73.53	9.06	11.7
1977	26	7500	7485	13.492	12.3283	2909.7	67.02	8.30	11.1
1978	27	7230	7206	14.215	14.0632	3191.4	61.17	7.57	10.5
1979	28	6800	6888	14.895	14.7682	3488.5	54.58	6.86	10.0

经过若干油田的实际应用表明，α 值一般在 2 左右。给予不同 α 值，根据罗马什金油田的实际开发产量和生产时间数据，计算 t^α 和相应的 $Q/t^{\alpha-1}$ 的数值。当 $\alpha=2.448$ 时，由式(5-22)的线性回归得到的相关系数 $r=0.9989$，为最佳直线拟合关系，其直线的截距 $a=2.2412$，斜率 $b=1.429\times10^{-4}$。将 b 值代入式(5-24)得 β 参数为：

$$\beta = 1/2.303\times1.429\times10^{-4} = 3038.6$$

再将 α,β 和 a 的数值代入式(5-23)得该油田的可采储量为：

$$N_R = \frac{10^{2.2412}\times3038.6}{2.448}\times10^4 t = 216\,304\times10^4(t) = 21.63\times10^8(t)$$

在实际中，罗马什金油田的可采储量为 $20.31\times10^8 t$，这与预测的数值基本上是一致的。已知该油田的地质储量 $N=45\times10^8 t$，因此，该油田的采收率 $E_R=21.63/45=0.48$。

将 α,β 和 N_R 的数值分别代入式(5-6)、(5-7)、(5-13)、(5-15)和式(5-16)，可以分别得到所预测的罗马什金油田的累积产量(N_p)、年产量(Q)、剩余可采储量(N_{RR})、剩余可采储量的储采比(w)和剩余可采储量的采油速度(v_0)等：

$$N_p = 21.63[1-e^{-(t^{2.448}/3038.6)}] \tag{5-25}$$

$$Q = \frac{216304\times2.448}{3038.6}t^{2.448-1}e^{-(t^{2.448}/3038.6)}$$

$$= 174.262 t^{1.448}e^{-(t^{2.448}/3038.6)} \tag{5-26}$$

$$N_{RR} = 21.63 e^{-(t^{2.448}/3038.6)} \tag{5-27}$$

$$w = 3038.6/2.448 t^{2.448-1} = 1241.24 t^{-1.448} \tag{5-28}$$

$$v_0 = \frac{100\times2.448 t^{2.448-1}}{3038.6}\% = 8.056\times10^{-2} t^{1.448}\% \tag{5-29}$$

将 α 值和 β 值代入式(5-9)，得油田最高年产量发生的时间为：

$$t_m = \left[\frac{3038.6(2.448-1)}{2.448}\right]^{1/2.448} = 21.35(a)$$

再将 α,β 和 N_R 的数值代入式(5-10)，得油田的最高年产量为：

$$Q_{\max} = 216\,304\left(\frac{2.448}{3038.6}\right)^{1/2.448}\times(2.448-1)^{1-1/2.448}\times e^{-[(2.448-1)/2.448]}\times10^4 t$$

$$= 811.7\times10^4(t)$$

将上面预测的 t_m 和 $Q_{\max}$ 数值与表 5-1 所列的数据进行对比，本方法预测的结果与油田开发实际发生的数据几乎是完全一致的。

为了验证可采储量与生产时间的关系，我们将 $t=30a,40a,50a,60a$ 的数值分别代入式(5-25)，得到的相应累积产油量(N_p)数值列于表 5-2。

由表 5-2 可以看出，当 $t=60af(x)$ 时，计算的累积产油量(N_p)，几乎等于油田的可采储量 $N_R=21.63\times10^8 t$。这就是说，尽管在模型求解时，假定了 $t\to\infty$ 时的最大累积产油量为油田的可采储量，但事实上，油气田开发的时间是有限的，当开发时间为 $60af(x)$ 时，油田的累积产量已经达到可采储量。

表 5-2　罗马什金油田不同时间计算的 N_p 值

$t(a)$	$N_p(\times 10^8 t)$	$N_R - N_p(\times 10^8 t)$	相对差值(%)
30	16.07	5.56	25.70
40	20.25	1.38	6.38
50	21.44	0.19	0.88
60	21.62	0.01	0.046

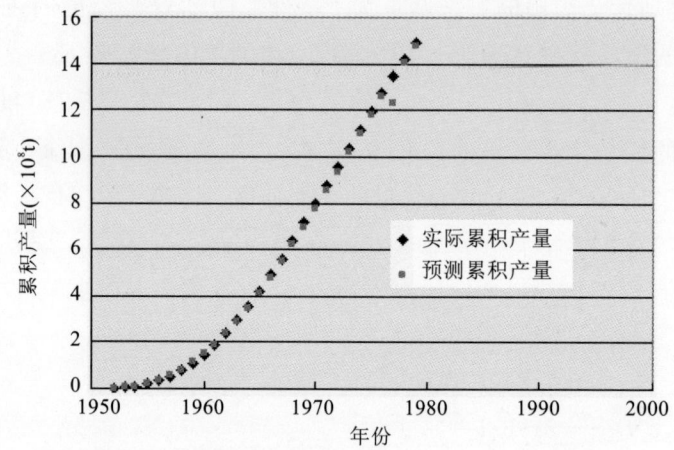

图 5-2　罗马什金油田累积产量 Weibull 模型预测图

4. 问题讨论

利用 Weibull 分布规律，引入模型转换参数，并进行若干理论推导之后，所提出的预测油气田产量、累积产量、可采储量、剩余可采储量、剩余可采储量的储采比和采油速度，以及预测油气田的最高年产量和发生时间的一系列计算方法，通过罗马什金油田的实际应用，不但说明了如何应用这一预测模型，而且也表明该预测模型的实用性和可靠性。同时也表明，对于非线性的 Weibull 预测模型，线性回归试差求解法是实用和有效的。这一成功算例，为各油气田产量的中长期预测提供了一个新的手段和方法。

第六章 龚帕兹(Gompertz)模型

1. 基本原理

当需要处理的数据中包含有不同阶段和时间的特征时，Gompertz可靠性生长模型是最常用到的数据处理模型。Gompertz模型一般适宜于处理呈平滑变化曲线的数据。

Gompertz模型的数学表达式由Virene所定义：

$$R = ab^{c^T} \tag{6-1}$$

式中，$0 < a \leq 1$，当R是小数取值时；$0\% < a \leq 100\%$，当R是百分比取值时；$0 < b < 1$，$0 < c < 1$，$T > 0$。

参数R表示在发展时间T时或阶段取值T时系统所取得的可靠性值；参数a是R所能达到的最大上限值，或是当$T \to \infty$时所能够获得的值；参数ab是当T取值为零时可靠性的取值或是其初始值；参数c是一个生长模式指示器，其取值小时表示可靠性R值在早期变化迅速，取值大时表示可靠性R值在早期变化缓慢。

由Gompertz模型的数学表达式可看出，该模型是由参数a、b、c所构成的三参数模型，其参数的解是由T_i和R_i所构成的离散点的最佳拟合线来求取，这在数学上有许多方法可使用，常用的是非线性回归最小平方和算法。

2. 计算步骤

我们一般是采用非线性回归最小平方和算法来估计Gompertz模型的参数。

1) 线性回归最小平方和的原理。

要了解非线性回归最小平方和算法，就必须先掌握线性回归最小平方和的原理。

线性回归最小平方和方法是解决用一条直线来拟合一系列离散点的算法。如用Y表示回归值，则各离散点与其差值的平方和(垂向)是最小的，如用X表示回归值，则各离散点与其差值的平方和(水平)是最小的。下面举例说明。

设线性模型如下：

$$Y_i = \hat{\beta}_0 + \hat{\beta}_1 X_{i1} + \hat{\beta}_2 X_{i2} + \cdots + \hat{\beta}_p X_{ip}$$

或采用矩阵表达，X即表示的是矩阵：

$$Y = X\beta \tag{6-2}$$

其中，

$$Y = \begin{bmatrix} Y_1 \\ Y_2 \\ \vdots \\ Y_N \end{bmatrix}, X = \begin{bmatrix} 1 & X_{1,1} & \cdots & X_{1,p} \\ 1 & X_{2,1} & \cdots & X_{2,p} \\ \vdots & \vdots & \ddots & \vdots \\ 1 & X_{N,1} & \cdots & X_{N,p} \end{bmatrix}, \beta = \begin{bmatrix} \beta_0 \\ \beta_1 \\ \vdots \\ \beta_p \end{bmatrix}$$

矢量 β 中即包含有模型的参数。现令 $\hat{\beta}$ 为参数的估计值或回归系数,则其矢量表达式为

$$\hat{\beta} = \begin{bmatrix} \hat{\beta}_0 \\ \hat{\beta}_1 \\ \vdots \\ \hat{\beta}_p \end{bmatrix}$$

为求解公式(6-2)中的参数 β,我们在其两端各乘以 X 的转置矩阵 X^T

$$(X^T X)\hat{\beta} = X^T Y$$

然后将 $X^T X$ 移到方程的另一端

$$\hat{\beta} = (X^T X)^{-1} X^T Y \tag{6-3}$$

2)非线性回归最小平方和原理。

非线性回归类似于线性回归,只不过是用曲线拟合来代替直线拟合。与线性回归一致,回归值与离散点在垂向和水平方向上的最小平方和也是最小的。

在 Gompertz 模型

$$R = ab^{cT}$$

中,令

$$Y_i = f(T_i, \delta) = ab^{cT_i} \tag{6-4}$$

其中,$T_i = \begin{bmatrix} T_1 \\ T_2 \\ \vdots \\ T_N \end{bmatrix}$, $i = 1, 2, \cdots, N$; $\delta = \begin{bmatrix} a \\ b \\ c \end{bmatrix}$

对 $f(T_i, \delta)$ 进行 Taylor 级数展开后,即可采用 Gauss-Newton 法来进行参数 a、b、c 的求解。

下一步,一般采用线性方法和普通的最小二乘法来近似地求解各参数,这个过程即是迭代方法,常用于非线性问题的求解。

求解时,往往要先给定出参数 a、b、c 的初始值,假定为 $g_1^{(0)}$、$g_2^{(0)}$、$g_3^{(0)}$,其中(0)是迭代的次数。Taylor 级数的展开式近似于 $f(T_i, \delta)$ 的平均响应。

其中,$f(T_i, \delta) \cong f(T_i, g^{(0)}) + \sum_{k=1}^{p} \left[\dfrac{\partial f(T_i, \delta)}{\partial \delta_k} \right]_{\delta = g^{(0)}} (\delta_k - g_k^{(0)})$

其中,$g^{(0)} = \begin{bmatrix} g_1^{(0)} \\ g_2^{(0)} \\ g_3^{(0)} \end{bmatrix}$

令 $f_i^{(0)} = f(T_i, g^{(0)})$, $v_k^{(0)} = (\delta_k - g_k^{(0)})$, $D_{ik}^{(0)} = \left[\frac{\partial f(T_i, \delta)}{\partial \delta_k}\right]_{\delta = g^{(0)}}$

则公式(6-4)变成 $Y_i \cong f_i^{(0)} + \sum_{k=1}^{p} D_{ik}^{(0)} v_k^{(0)}$

将 $f_i^{(0)}$ 移到公式的左边得

$$Y_i^{(0)} \cong \sum_{k=1}^{p} D_{ik}^{(0)} v_k^{(0)}$$

或用矩阵表达为

$$Y^{(0)} \cong D^{(0)} v^{(0)} \tag{6-5}$$

其中：

$$Y^{(0)} = \begin{bmatrix} Y_1 - f_1^{(0)} \\ Y_2 - f_2^{(0)} \\ \vdots \\ Y_N - f_N^{(0)} \end{bmatrix} = \begin{bmatrix} Y_1 - g_1^{(0)} g_2^{(0)g_3^{(0)T_1}} \\ Y_1 - g_1^{(0)} g_2^{(0)g_2^{(0)T_1}} \\ \vdots \\ Y_N - g_1^{(0)} g_2^{(0)g_3^{(0)T_N}} \end{bmatrix}$$

$$D^{(0)} = \begin{bmatrix} D_{11}^{(0)} & D_{12}^{(0)} & D_{13}^{(0)} \\ D_{21}^{(0)} & D_{22}^{(0)} & D_{23}^{(0)} \\ \vdots & \vdots & \vdots \\ D_{N1}^{(0)} & D_{N2}^{(0)} & D_{N3}^{(0)} \end{bmatrix}$$

$$= \begin{bmatrix} g_2^{(0)g_3^{(0)T_1}} & \frac{g_1^{(0)}}{g_2^{(0)}} g_3^{(0)T_1} g_2^{(0)g_3^{(0)T_1}} & \frac{g_1^{(0)}}{g_3^{(0)}} g_3^{(0)T_1} \ln(g_2^{(0)}) T_1 g_2^{(0)g_3^{(0)T_1}} \\ g_2^{(0)g_3^{(0)T_2}} & \frac{g_1^{(0)}}{g_2^{(0)}} g_3^{(0)T_2} g_2^{(0)g_3^{(0)T_2}} & \frac{g_1^{(0)}}{g_3^{(0)}} g_3^{(0)T_2} \ln(g_2^{(0)}) T_2 g_2^{(0)g_3^{(0)T_2}} \\ \vdots & \vdots & \vdots \\ g_2^{(0)g_3^{(0)T_N}} & \frac{g_1^{(0)}}{g_2^{(0)}} g_3^{(0)T_N} g_2^{(0)g_3^{(0)T_N}} & \frac{g_1^{(0)}}{g_3^{(0)}} g_3^{(0)T_N} \ln(g_2^{(0)}) T_N g_2^{(0)g_3^{(0)T_N}} \end{bmatrix}$$

$$v^{(0)} = \begin{bmatrix} g_1^{(0)} \\ g_2^{(0)} \\ g_3^{(0)} \end{bmatrix}$$

公式(6-5)即是一般线性回归模型(6-2)所表达的形式。

根据公式(6-3)，参数 $v^{(0)}$ 的估计值为：

$$\hat{v}^{(0)} = (D^{(0)T} D^{(0)})^{-1} D^{(0)T} Y^{(0)}$$

校正后的回归系数估计值用矩阵来表示为

$$g^{(1)} = g^{(0)} + \hat{v}^{(0)}$$

最小平方和 Q 常常来用于验证回归系数估计值的适宜性。根据最小平方和的概念，模型参数的最佳解应使 Q 为最小。当参数解取初值 $g^{(0)}$ 时，Q 为：

$$Q^{(0)} = \sum_{i=1}^{N} [Y_i - f(T_i, g^{(0)})]^2$$

通过第一次迭代后,参数由 $g^{(0)}$ 变为 $g^{(1)}$,则 Q 相应为:

$$Q^{(1)} = \sum_{i=1}^{N} [Y_i - f(T_i, g^{(1)})]^2$$

只要 Gauss-Newton 解法正确,则依最小平方和原理,对所有的 k 值而言,下述关系成立:

$$Q^{(k+1)} < Q^{(k)}$$

表示参数 $g^{(k+1)}$ 下的估值要优于参数 $g^{(k)}$ 下的估值。为求得最优解,迭代过程继续,直到满足以下结果:

$$Q^{(S-1)} - Q^{(S)} \cong 0 \tag{6-6}$$

当用 Gauss-Newton 法或其他一些方法来求解参数时,关键还在于参数初值的确定。

3)初值的选取。

初值的选取不是一项容易的任务,初值选取不当,不仅会导致迭代计算过程拉长,或导致发散,还会由于局部最小值造成收敛后出现结果假像。相反,初值选取恰当,则不仅可使迭代计算过程加快,或许几步即可完成,而且当有多个局部最小值存在时也能够正确处理。

目前有多种方法可用于获取正确的参数初始取值,下面主要介绍由 Virene 所给出的用于估计 Gompertz 模型参数的方法。

该方法的过程非常简单,可适用于采用 Gauss-Newton 法来进行求解时的初值选取,一些学者经常采用该方法用于数据集可三等分的参数求解,如果数据集不能进行等分,则该方法同样能够给出好的初值选项。

假定数据集采样 m 次,时间步长为 I,T_a 是对应的时间单元,R_i 是对应的可靠性取值,如表 6-1 所示。

表 6-1 T_a 与 R_i

T_a	R_i
T_{a_0}	R_0
T_{a_1}	R_1
T_{a_2}	R_2
$\vdots$	$\vdots$
$T_{a_{m-1}}$	R_{m-1}

其中,$m = 3n$,$T_{x_i} - T_{x_{i-1}} = I$,$i = 1, 2, \cdots, m-1$。

从 Gompertz 模型公式

$$R = ab^{c^{T_a}} \tag{6-7}$$

及

$$\ln R = \ln a + c^{T_a} \ln b \tag{6-8}$$

我们可定义：

$$S_1 = \sum_{i=0}^{n=1} \ln R_i = n \ln a + \ln b \sum_{i=0}^{n=1} c^{T_{a_i}} \tag{6-9}$$

$$S_2 = \sum_{i=n}^{2n-1} \ln R_i = n \ln a + \ln b \sum_{i=n}^{2n-1} c^{T_{a_i}} \tag{6-10}$$

$$S_3 = \sum_{i=2n}^{m-1} \ln R_i = n \ln a + \ln b \sum_{i=2n}^{m-1} c^{T_{a_i}} \tag{6-11}$$

则

$$\frac{S_3 - S_2}{S_2 - S_1} = \frac{\sum\limits_{i=2n}^{m-1} c^{T_{a_i}} - \sum\limits_{i=n}^{2n-1} c^{T_{a_i}}}{\sum\limits_{i=n}^{2n-1} c^{T_{a_i}} - \sum\limits_{i=0}^{n-1} c^{T_{a_i}}}$$

$$\frac{S_3 - S_2}{S_2 - S_1} = \frac{c^{T_{a_{2n}}} \sum\limits_{i=0}^{n-1} c^{T_{a_i}} - c^{T_{a_n}} \sum\limits_{i=0}^{n-1} c^{T_{a_i}}}{c^{T_{a_n}} \sum\limits_{i=0}^{n-1} c^{T_{a_i}} - \sum\limits_{i=0}^{n-1} c^{T_{a_i}}}$$

$$\frac{S_3 - S_2}{S_2 - S_1} = \frac{c^{T_{a_{2n}}} - c^{T_{a_n}}}{c^{T_{a_n}} - 1} = c^{T_{a_n}} = c^{n \cdot I + T_{a_0}}$$

令 $T_{a_0} = 0$，则有

$$\frac{S_3 - S_2}{S_2 - S_1} = c^{n \cdot I}$$

从中可求得 c 值的解为

$$c = \left(\frac{S_3 - S_2}{S_2 - S_1}\right)^{\frac{1}{n \cdot I}} \tag{6-12}$$

从方程(6-9)、(6-10)可推出

$$S_1 - n \cdot \ln a = \ln b \sum_{i=0}^{n-1} c^{T_{a_i}}$$

$$S_2 - n \cdot \ln a = \ln b \sum_{i=n}^{2n-1} c^{T_{a_i}}$$

或

$$\frac{S_1 - n \cdot \ln a}{S_2 - n \cdot \ln a} = \frac{1}{c^{n \cdot I}}$$

等式变换后得

$$\ln a = \frac{1}{n}\left(S_1 + \frac{S_2 - S_1}{1 - c^{n \cdot I}}\right)$$

$$a = e^{\left[\frac{1}{n}\left(S_1 + \frac{S_2 - S_1}{1 - c^{n \cdot I}}\right)\right]} \tag{6-13}$$

再次从方程(6-9)、(6-10)中推导出

$$S_1 - \ln b \sum_{i=0}^{n-1} c^{Ta_i} = n\ln a$$

$$S_2 - \ln b \sum_{i=n}^{2n-1} c^{Ta_i} = n\ln a$$

$$\frac{S_1 - \ln b \sum_{i=0}^{n-1} c^{Ta_i}}{S_2 - \ln b \sum_{i=n}^{2n-1} c^{Ta_i}} = 1$$

$$S_1 - \ln b \sum_{i=0}^{n-1} c^{Ta_i} = S_2 - \ln b \sum_{i=n}^{2n-1} c^{Ta_i} \tag{6-14}$$

等式变换后得

$$\ln b = \frac{(S_2 - S_1)(c^I - 1)}{(1 - c^{n \cdot I})^2}$$

$$b = e^{\left[\frac{(S_2 - S_1)(c^I - 1)}{(1 - c^{n \cdot I})^2}\right]} \tag{6-15}$$

对于 I 取值为 1 的特殊数据集而言,从方程(6-12)、(6-13)、(6-15)可得:

$$c = \left(\frac{S_3 - S_2}{S_2 - S_1}\right)^{\frac{1}{n}} \tag{6-16}$$

$$a = e^{\left[\frac{1}{n}\left(S_1 + \frac{S_2 - S_1}{1 - c^n}\right)\right]} \tag{6-17}$$

$$b = e^{\left[\frac{(S_2 - S_1)(c - 1)}{(1 - c^n)^2}\right]} \tag{6-18}$$

综上所述,估计参数 a、b、c 的步骤如下:

(1)如表 6-2 所示,将数据集按 T_a,R 的顺序排列,T_a 是可等分的,其步长增量为 1,如一个月或一小时等。

(2)计算 R 的自然对数值 $\lg R$。

(3)将 $\lg R$ 等分成三等分,每等分包含有相同的 n 个数据。

(4)将每等分的 $\lg R$ 进行累加,获得相应的 S_1,S_2,S_3 的值。

(5)根据公式(6-16)计算参数 c。

$$c = \left(\frac{S_3 - S_2}{S_2 - S_1}\right)^{\frac{1}{n}}$$

(6)根据公式(6-17)计算参数 a:

$$a = e^{\left[\frac{1}{n}\left(S_1 + \frac{S_2 + S_1}{1 - c^n}\right)\right]}$$

(7)根据公式(6-18)计算参数 b:

$$b = e^{\left[\frac{(S_2 - S_1)(c - 1)}{(1 - c^n)^2}\right]}$$

(8)根据计算所得的参数可给出相应的 Gompertz 可靠性生长模型。

3. 实验示例

示例 1 假设在 12 个月的周期里，可靠性数据最高可达 92%。现要解决：① 表 6-1 中列出了前 6 个月的数据，要求出全年 12 个月的数据；② 按前 6 个月的发展规律，要求出可靠性数据的最大值；③ 预测值与实际值的比较。

问题求解：

1. 根据表 6-1 计算出 S_1, S_2, S_3 值后进行以下几步的计算：

表 6-1 Gompertz 可靠性生长模型示例

组号	生长时间 T_a 月份	可靠性数据 $R(\%)$	$\ln R$
1	0	58.0	4.060
	1	66.0	4.190
			$S_1 = 8.250$
2	2	72.5	4.284
	3	78.0	4.375
			$S_2 = 8.641$
3	4	82.0	4.407
	5	85.0	4.443
			$S_3 = 8.850$

(1) 根据公式 (6-16) 计算参数 c 的初值

$$c = \left(\frac{8.850 - 8.641}{8.641 - 8.250}\right)^{\frac{1}{2}} = 0.731$$

(2) 根据公式 (6-17) 计算参数 a 的初值

$$a = e^{\left[\frac{1}{2}\left(8.250 + \frac{8.641 - 8.250}{1 - 0.731^2}\right)\right]} = e^{(4.545)} = 94.16\%$$

这是当 $T_a \to \infty$ 时可靠性的上限值。

(3) 根据公式 (6-18) 计算参数 b 的初值

$$b = e^{\left[\frac{(8.641 - 8.25)(0.731 - 1)}{(1 - 0.731^2)^2}\right]} = e^{(-0.485)} = 0.615$$

初值获得后，即可采用 Gauss-Newton 法来进行迭代求解，各参数对应如下：

$$Y_i = R_i, g_1^{(0)} = 94.16, g_2^{(0)} = 0.615, g_3^{(0)} = 0.731$$

则 $Y^{(0)}, D^{(0)}, v^{(0)}$ 分别为

$$Y^{(0)} = \begin{bmatrix} 0.0916 \\ 0.0015 \\ -0.1190 \\ 0.1250 \\ 0.0439 \\ -0.0743 \end{bmatrix}$$

$$D^{(0)} = \begin{bmatrix} 0.6150 & 94.1600 & 0.0000 \\ 0.7009 & 78.4470 & -32.0841 \\ 0.7712 & 63.0971 & -51.6122 \\ 0.8270 & 49.4623 & -60.6888 \\ 0.8704 & 38.0519 & -62.2513 \\ 0.9035 & 28.8742 & -59.0463 \end{bmatrix}$$

$$v^{(0)} = \begin{bmatrix} g_1^{(0)} \\ g_2^{(0)} \\ g_3^{(0)} \end{bmatrix} = \begin{bmatrix} 94.16 \\ 0.615 \\ 0.731 \end{bmatrix}$$

$v^{(0)}$ 的估计值为

$$\hat{v}^{(0)} = (D^{(0)^T} D^{(0)})^{-1} D^{(0)^T} Y^{(0)} = \begin{bmatrix} 0.061\,575 \\ 0.000\,222 \\ 0.001\,123 \end{bmatrix}$$

校正后的估计系数用矩阵表示为

$$g^{(1)} = g^{(0)} + \hat{v}^{(0)} = \begin{bmatrix} 94.16 \\ 0.615 \\ 0.731 \end{bmatrix} + \begin{bmatrix} 0.061\,575 \\ 0.000\,222 \\ 0.001\,123 \end{bmatrix} = \begin{bmatrix} 94.2216 \\ 0.6152 \\ 0.7321 \end{bmatrix}$$

如 Gauss-Newton 法处理有效,则有如下关系成立

$$Q^{(k+1)} < Q^{(k)}$$

表明经过 k 次迭代后,$g^{(k+1)}$ 所估计的值要优于 $g^{(k)}$ 的估计值。

对本例而言,迭代开始时,起始系数取值为 $g^{(0)}$,则 Q 值为

$$Q^{(0)} = \sum_{i=1}^{N} [Y_i - f(T_i, g^{(0)})]^2 = 0.045622$$

通过第一次迭代后,系数取值变更为 $g^{(1)}$,则 Q 值为

$$Q^{(1)} = \sum_{i=1}^{N} [Y_i - f(T_i, g^{(1)})]^2 = 0.041439$$

可见 Gauss-Newton 法的处理是正确的。迭代过程一直到满足公式(6-6)成立为止。当然一般情况下是满足事先给定的控制精度即可。对以上数据如采用 ReliaSoft's RG 软件所计算出的参数值为

$$\hat{a} = 94.2215, \hat{b} = 0.6152, \hat{c} = 0.7321$$

注意：ReliaSoft's RG 软件采用了一种不同的分析方法，称为 Levenberg-Marquardt 法。该法综合利用了 Gauss-Newton 法和快速收敛法的优点。

(4) Gompertz 可靠性生长曲线为

$$R = 94.2215(0.6152)^{0.7321^{T_a}}$$

(5) 根据模型可计算出到 12 月底时设计的可靠性值为

$$R = 94.2215(0.6152)^{0.7321^{12}} = 93.1426\%$$

实际的可靠性值是 92.00%，因而根据以前的数据来看，该期望值是较难达到的。

2. 可靠性能够达到的最大值即是参数 a 的值，为 94.2215%。

3. 根据 Gompertz 模型所预测的结果和实际结果的比较见表 6-3，可以看出其拟合程度是很好的，相对误差小于 1%。

表 6-3 预测值和实际值的比较

生长时间 T_a，月份	Gompertz 模型数据(%)	实际数据(%)
0	58.02	58.00
1	66.03	66.00
2	72.60	72.50
3	77.84	78.00
4	81.92	82.00
5	85.06	85.00
6	87.43	
7	89.22	
8	90.55	
9	91.55	
10	92.28	
11	92.82	
12	93.23	

示例 2 如表 6-4 所示，采用品质数据来计算出 Gompertz 模型的参数值。

按照计算步骤(1)到(4)处理后，可获得参数 S_1，S_2，S_3 的值。

根据公式(6-16)、(6-17)、(6-18)可计算出模型参数的初值。

$$c = \left(\frac{25.120 - 24.460}{24.460 - 19.799}\right)^{\frac{1}{6}} = 0.722$$

$$a = e^{\left[\frac{1}{6}(19.799 + \frac{24.460 - 19.799}{1 - 0.722^6})\right]} = e^{(4.205)} = 67.02\%$$

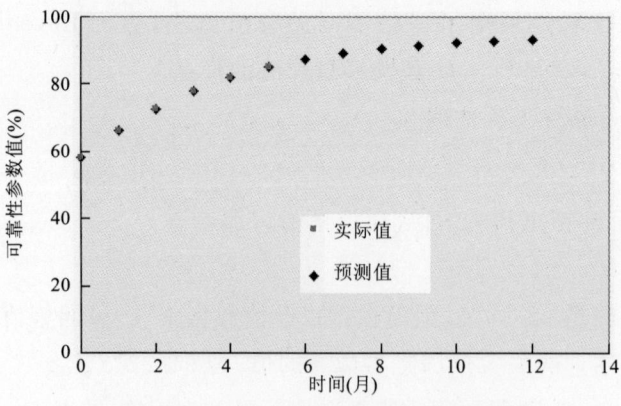

图 6-1 预测模型曲线和实际值的比较

表 6-4 用于可靠性示例的成功/失败数据

实验次数	结果	成功次数	成功率观察值(%)	$\ln R$
1	F	0		
2	F	0		
3	F	0		
4	S	1	25.00	3.219
5	F	1	20.00	2.9996
6	F	1	16.67	2.813
7	S	2	28.57	3.352
8	S	3	37.50	3.624
9	S	4	44.44	3.794
				$S_1 = 19.799$
10	S	5	50.00	3.912
11	S	6	54.55	3.999
12	S	7	58.33	4.066
13	S	8	61.54	4.120
14	S	9	64.29	4.163
15	S	10	66.67	4.200
				$S_2 = 24.460$
16	S	11	68.75	4.230
17	F	11	64.71	4.170
18	S	12	66.67	4.200
19	F	12	63.16	4.146
20	S	13	65.00	4.174
21	S	14	66.67	4.200
				$S_3 = 25.120$
22	S	15	68.18	4.222

这也是当 $T_a \to \infty$ 时可靠性数据的取值上限。

$$b = e^{\left[\frac{(24.460-19.799)(0.722-1)}{(1-0.722^6)^2}\right]} = e^{(-1.759)} = 0.172$$

初值获取后，即可采用 Gauss-Newton 法进行迭代求解。

$$Y_i = R_i, g_1^{(0)} = 67.02, g_2^{(0)} = 0.172, g_3^{(0)} = 0.722$$

$Y^{(0)}, D^{(0)}, v^{(0)}$ 相应为

$$Y^{(0)} = \begin{bmatrix} -0.188\,042 \\ -0.267\,730 \\ \vdots \\ -0.662\,471 \end{bmatrix}$$

$$D^{(0)} = \begin{bmatrix} 0.2806 & 78.9341 & -33.1004 \\ 0.3995 & 81.1416 & -68.0521 \\ \vdots & \vdots & \vdots \\ 0.9986 & 0.3005 & -2.7727 \end{bmatrix}$$

$$v^{(0)} = \begin{bmatrix} g_1^{(0)} \\ g_2^{(0)} \\ g_3^{(0)} \end{bmatrix} = \begin{bmatrix} 67.02 \\ 0.172 \\ 0.722 \end{bmatrix}$$

参数的估计值 $\hat{v}^{(0)}$ 为

$$\hat{v}^{(0)} = (D^{(0)^T} D^{(0)})^{-1} D^{(0)^T} Y^{(0)} = \begin{bmatrix} -0.663\,306\,00 \\ -0.000\,014\,28 \\ -0.000\,020\,90 \end{bmatrix}$$

校正后的估计参数用矩阵表示为

$$g^{(1)} = g^{(0)} + \hat{v}^{(0)} = \begin{bmatrix} 67.02 \\ 0.172 \\ 0.722 \end{bmatrix} + \begin{bmatrix} -0.663\,306\,00 \\ -0.000\,014\,28 \\ -0.000\,020\,90 \end{bmatrix} = \begin{bmatrix} 66.356\,700 \\ 0.171\,986 \\ 0.721\,979 \end{bmatrix}$$

当取初始系数 $g^{(0)}$ 时，Q 为

$$Q^{(0)} = \sum_{i=1}^{N} (Y_i - f(T_i, g^{(0)}))^2 = 0.636775$$

经过第一次迭代后，系数变为 $g^{(1)}$，此时 Q 为

$$Q^{(1)} = \sum_{i=1}^{N} (Y_i - f(T_i, g^{(1)}))^2 = 0.613255$$

可见 $Q^{(1)} < Q^{(0)}$。因此，Gauss-Newton 法的处理是正确的。迭代过程一直到满足公式（6-6）成立为止，一般情况下是满足事先给定的精度即可。对以上数据采用 ReliaSoft's RG 软件即可计算出参数值为

$$\hat{a} = 69.76\%, \hat{b} = 0.1943, \hat{c} = 0.7732$$

Gompertz 可靠性生长曲线为

$$R = 69.76(0.1943)^{0.770^T}$$

其结果如图 6-2 所示。

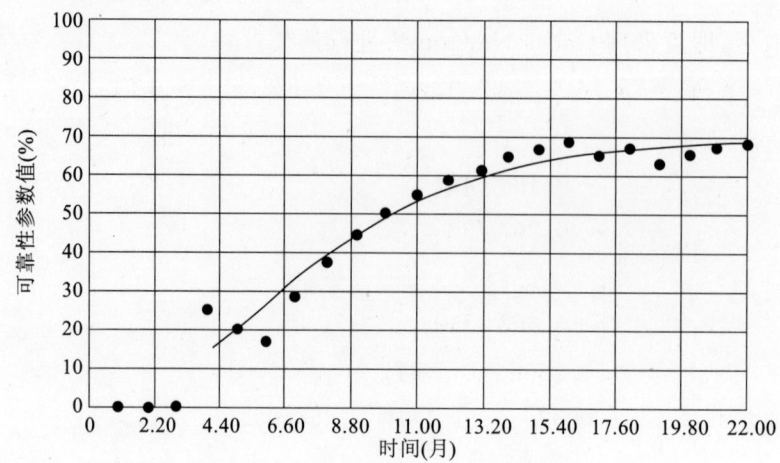

图 6-2 模型曲线与实际数据示图

4. 改进的 Gompertz 模型

在有些情况下具 S 型结构的可靠性生长数据并不能为 Gompertz 曲线或逻辑斯特曲线来精确描述,其原因是这两个模型在异常点的处理上效果不好,只有少数具 S 型结构的可靠性生长数据能较好地被拟合。下面给出的修改后的 Gompertz 曲线模型能够避免这个缺点。

考虑在垂向上作一位移,则 Gompertz 模型为

$$R = d + ab^{c^{T_a}} \qquad (6-20)$$

其中,$0 < a+d \leqslant 1$,当 R 取值是小数时;$0\% < a+d \leqslant 100\%$,当 R 取值是百分数时;$0 < b < 1, 0 < c < 1, T_a \geqslant 0$。

参数 R 表示在发展时间 T 时或阶段取值 T 时系统所取得的可靠性值;参数 d 是位移量;参数 $d+a$ 是 R 所能达到的最大上限值,或是当 $T \to \infty$ 时所能够获得的值;参数 $d+ab$ 是当 T 取值为零时可靠性的取值或是其初始值;参数 c 是一个生长模式指示器,其取值小时表示可靠性 R 在早期变化迅速,取值大时表示可靠性 R 在早期变化缓慢。

修改后的 Gompertz 模型(下称改进)比原模型(下称标准)要有更好的适应性,尤其在拟合具 S 型结构趋势的数据时。

为了获取改进模型的参数,则同样首先要获取其初值,然后再借助于 Gauss-Newton 法来进行求解。

模型 $R = d + ab^{c^{T_a}}$ 通过变换为

$$\ln(R-d) = \ln a + c^{T_a} \ln b$$

类似于标准模型的求解,我们同样可计算出相应的带有参数 d 的 S_1, S_2, S_3 值,即

$$S_1(d) = \sum_{i=0}^{n-1} \ln(R_i - d) = n\ln a + \ln b \sum_{i=0}^{n-1} c^{T_{a_i}} \tag{6-21}$$

$$S_2(d) = \sum_{i=n}^{2n-1} \ln(R_i - d) = n\ln a + \ln b \sum_{i=n}^{2n-1} c^{T_{a_i}} \tag{6-22}$$

$$S_3(d) = \sum_{i=2n}^{m-1} \ln(R_i - d) = n\ln a + \ln b \sum_{i=2n}^{m-1} c^{T_{a_i}} \tag{6-23}$$

参数估计值为

$$c(d) = \left[\frac{S_3(d) - S_2(d)}{S_2(d) - S_1(d)}\right]^{\frac{1}{n \cdot I}} \tag{6-24}$$

$$a(d) = e^{\left[\left(\frac{1}{n}(S_1(d) + \frac{S_2(d) - S_1(d)}{1 - |c(d)|^{n \cdot I}}\right)\right]} \tag{6-25}$$

$$b(d) = e^{\left[\frac{|S_2(d) - S_1(d)| \cdot [|c(d)|^I - 1]}{|1 - |c(d)|^{n \cdot I}|^2}\right]} \tag{6-26}$$

其中 I 是时间增量。另外还有一个约束条件是 $d+ab$ 为 R 在 T_a 为零时的初始值。

现在我们有了 4 个方程来求解 4 个未知参数，由此所构成的改进模型在拟合处理具 S 型结构的数据上有更好的适应性。

求解参数的过程类似于标准模型，用 $g_1^{(0)}, g_2^{(0)}, g_3^{(0)}$ 和 $g_4^{(0)}$ 来表示参数 a, b, c 和 d 的初值，其中(0)表示迭代的次数。Taylor 级数的展开式近似于围绕初值 $g_1^{(0)}, g_2^{(0)}, g_3^{(0)}$ 和 $g_4^{(0)}$ 时 $f(T_i, \delta)$ 的平均响应。对 i^{th} 次观察有：

$$f(T_i, \delta) \cong f(T_i, g^{(0)}) + \sum_{k=1}^{p} \left[\frac{\partial f(T_i, \delta)}{\partial \delta_k}\right]_{\delta = g^{(0)}} \cdot (\delta_k - g_k^{(0)})$$

其中

$$g^{(0)} = \begin{bmatrix} g_1^{(0)} \\ g_2^{(0)} \\ g_3^{(0)} \\ g_4^{(0)} \end{bmatrix}$$

令 $f_i^{(0)} = f(T_i, g^{(0)}), v_k^{(0)} = (\delta_k - g_k^{(0)}), D_{ik}^{(0)} = \left[\frac{\partial f(T_i, \delta)}{\partial \delta_k}\right]_{\delta = g^{(0)}}$

则有 $Y_i = f_i^{(0)} + \sum_{k=1}^{p} D_{ik}^{(0)} v_k^{(0)}$

或将 $f_i^{(0)}$ 移到左边变成

$$Y_i^{(0)} - f_i^{(0)} = \sum_{k=1}^{p} D_{ik}^{(0)} v_k^{(0)} \tag{6-27}$$

或用矩阵表示为 $Y^{(0)} \cong D^{(0)} v^{(0)}$

其中

$$Y^{(0)} = \begin{bmatrix} Y_1 - f_1^{(0)} \\ \vdots \\ Y_N - f_N^{(0)} \end{bmatrix} = \begin{bmatrix} Y_1 - g_4^{(0)} + g_1^{(0)} g_2^{(0) g_3^{(0)T_1}} \\ \vdots \\ Y_N - g_4^{(0)} + g_1^{(0)} g_2^{(0) g_3^{(0)T_N}} \end{bmatrix}$$

$$D^{(0)} = \begin{bmatrix} D_{11}^{(0)} & D_{12}^{(0)} & D_{13}^{(0)} & D_{14}^{(0)} \\ \vdots & \vdots & \vdots & \vdots \\ D_{N1}^{(0)} & D_{N2}^{(0)} & D_{N3}^{(0)} & D_{N4}^{(0)} \end{bmatrix}$$

$$= \begin{bmatrix} g_2^{(0)} g_3^{(0)T_1} & \dfrac{g_1^{(0)}}{g_2^{(0)}} g_3^{(0)T_1} g_2^{(0)g_3^{(0)T_1}} & \dfrac{g_1^{(0)}}{g_3^{(0)}} g_3^{(0)T_1} \ln(g_2^{(0)}) T_1 g_2^{(0)g_3^{(0)T_1}} & 1 \\ \vdots & \vdots & \vdots & \vdots \\ g_2^{(0)} g_3^{(0)T_N} & \dfrac{g_1^{(0)}}{g_2^{(0)}} g_3^{(0)T_N} g_2^{(0)g_3^{(0)T_N}} & \dfrac{g_1^{(0)}}{g_3^{(0)}} g_3^{(0)T_N} \ln(g_2^{(0)}) T_N g_2^{(0)g_3^{(0)T_N}} & 1 \end{bmatrix}$$

$$v^{(0)} = \begin{bmatrix} g_1^{(0)} \\ g_2^{(0)} \\ g_3^{(0)} \\ g_4^{(0)} \end{bmatrix}$$

就如前面所讨论的，参数 $v^{(0)}$ 的估计量为：

$$\hat{v}^{(0)} = (D^{(0)T} D^{(0)})^{-1} D^{(0)T} Y^{(0)}$$

则参数的校正用矩阵来表示为

$$g^{(1)} = g^{(0)} + \hat{v}^{(0)}$$

为了获得合理的参数值，我们一般用最小平方和 Q 来作为判断标准，根据最小平方和的原理，最佳的参数取值应使 Q 为最小。当参数取初值 $g^{(0)}$ 时，其 Q 值为

$$Q^{(0)} = \sum_{i=1}^{N} (Y_i - f(T_i, g^{(0)}))^2$$

当第一次迭代结束，参数值校正为 $g^{(1)}$ 时，Q 值为

$$Q^{(1)} = \sum_{i=1}^{N} (Y_i - f(T_i, g^{(1)}))^2$$

只要 Gauss-Newton 法处理正常，根据最小平方和的原理可知对于所有的 k 值而言，下述关系成立

$$Q^{(k+1)} < Q^{(k)} \tag{6-28}$$

这意味着由参数 $g^{(k+1)}$ 所构成的模型要优于由参数 $g^{(k)}$ 所构成的模型。随着 Gauss-Newton 法迭代过程的不断进行，最后我们总可获得如下结果

$$Q^{(S-1)} - Q^{(S)} \cong 0$$

改进模型示例 一批可靠性数据如表 6-5 所示，其改进模型的求解过程如下：

首先要确定出改进模型的初始参数

$$S_1(d) = \sum_{i=0}^{2} \ln(R_{oi} - d) \tag{6-29}$$

$$S_2(d) = \sum_{i=3}^{5} \ln(R_{oi} - d) \tag{6-30}$$

$$S_3(d) = \sum_{i=6}^{8} \ln(R_{oi} - d) \tag{6-31}$$

表 6-5 改进模型处理结果

时间(月份)	原始数据(%)	Gompertz 数据(%)	Logistic 数据(%)	改进 Gompertz 数据(%)
0	31.00	25.17	22.70	31.18
1	35.50	38.33	38.10	35.08
2	49.30	51.35	56.40	49.92
3	70.10	62.92	73.00	69.23
4	83.00	72.47	85.00	83.72
5	92.20	79.94	93.20	92.06
6	96.40	85.59	96.10	96.29
7	98.60	89.75	98.10	98.32
8	99.00	92.76	99.10	99.27

$$c(d) = \left[\frac{S_3(d)-S_2(d)}{S_2(d)-S_1(d)}\right]^{\frac{1}{3}} \tag{6-32}$$

$$a(d) = e^{\left[\frac{1}{3}(S_1(d)+\frac{S_2(d)-S_1(d)}{1-|c(d)|^3})\right]} \tag{6-33}$$

$$b(d) = e^{\left[\frac{(S_2(d)-S_1(d))(c(d)-1)}{[1-|c(d)|^3]^2}\right]} \tag{6-34}$$

及

$$R_0 = d + a(d) \cdot b(d) \tag{6-35}$$

其中 R_0 为 31.0%,则公式(6-35)可改写为

$$d - 31.0 + a(d) \cdot b(d) = 0 \tag{6-36}$$

据此,公式(6-32)、(6-33)、(6-34)和(6-36)可同时求解。其中一个求解办法是在公式(6-36)中用不同的值去代替 d 值,当然其值必须要小于 R_0,然后在 X、Y 轴上作图,从图上可获取合适的 d 值,一旦 d 值定下来后,则通过公式(6-32)、(6-33)、(6-34)计算出参数 a、b 及 c。综上,参数的初始值为

$$\hat{a} = 69.324, \hat{b} = 0.002\,524, \hat{c} = 0.460\,12, \hat{d} = 30.825$$

现在,因参数的初始值已经取得,则可采用 Gauss-Newton 法进行迭代处理了。

令 $Y_i = R_i$、$g_1^{(0)} = 69.324$、$g_2^{(0)} = 0.002\,524$、$g_3^{(0)} = 0.460\,12$、$g_4^{(0)} = 30.825$,则 $Y^{(0)}$、$D^{(0)}$、$v^{(0)}$ 为

$$Y^{(0)} = \begin{bmatrix} 0.000\ 026 \\ 0.253\ 873 \\ -1.062\ 940 \\ 0.565\ 690 \\ -0.845\ 260 \\ 0.096\ 737 \\ 0.076\ 450 \\ 0.238\ 155 \\ -0.320\ 890 \end{bmatrix}$$

$$D^{(0)} = \begin{bmatrix} 0.002\ 524 & 69.3240 & 0.0000 & 1 \\ 0.063\ 775 & 805.962 & -26.4468 & 1 \\ 0.281\ 835 & 1638.82 & -107.552 & 1 \\ 0.558\ 383 & 1493.96 & -147.068 & 1 \\ 0.764\ 818 & 941.536 & -123.582 & 1 \\ 0.883\ 940 & 500.694 & -82.1487 & 1 \\ 0.944\ 818 & 246.246 & -48.4818 & 1 \\ 0.974\ 220 & 116.829 & -26.8352 & 1 \\ 0.988\ 055 & 54.5185 & -14.2117 & 1 \end{bmatrix}$$

$$v^{(0)} = \begin{bmatrix} g_1^{(0)} \\ g_2^{(0)} \\ g_3^{(0)} \\ g_4^{(0)} \end{bmatrix} = \begin{bmatrix} 69.324 \\ 0.002\ 524 \\ 0.460\ 12 \\ 30.825 \end{bmatrix}$$

参数 $v^{(0)}$ 的估计值为

$$\hat{v}^{(0)} = (D^{(0)^T} D^{(0)})^{-1} D^{(0)^T} Y^{(0)} = \begin{bmatrix} -0.275\ 569 \\ -0.000\ 549 \\ -0.003\ 202 \\ 0.209\ 458 \end{bmatrix}$$

参数的校正值用矩阵表示为

$$g^{(1)} = g^{(0)} + \hat{v}^{(0)} = \begin{bmatrix} 69.324 \\ 0.002\ 524 \\ 0.460\ 12 \\ 30.825 \end{bmatrix} + \begin{bmatrix} -0.275\ 569 \\ -0.000\ 549 \\ -0.003\ 202 \\ 0.209\ 458 \end{bmatrix} = \begin{bmatrix} 69.0484 \\ 0.001\ 98 \\ 0.456\ 92 \\ 31.0345 \end{bmatrix}$$

当参数 $g^{(0)}$ 取初始值时，相应的 Q 值为 $Q^{(0)} = \sum_{i=1}^{N} (Y_i - f(T_i, g^{(0)}))^2 = 2.403\ 672$。

当第一次迭代结束,参数取值为 $g^{(1)}$ 时,相应的 Q 值为

$$Q^{(1)} = \sum_{i=1}^{N}[Y_i - f(T_i, g^{(1)})]^2 = 2.073\ 964$$

可见有

$$Q^{(1)} < Q^{(0)}$$

如此,Gauss-Newton 法可正确运行。迭代过程一直进行到公式(6-6)成立为止。采用 ReliaSoft's RG 软件,可方便地计算出参数的估计值为

$$\hat{a} = 69.0389, \hat{b} = 0.002, \hat{c} = 0.4567, \hat{d} = 31.037$$

因此,改进的 Gompertz 模型为

$$R = 31.037 + (69.0389)(0.002)^{0.4567^{T_a}} \tag{6-37}$$

根据该模型所计算出的估计值见图 6-3 所示,从图上可以看出,改进模型与实际数据的匹配非常好。

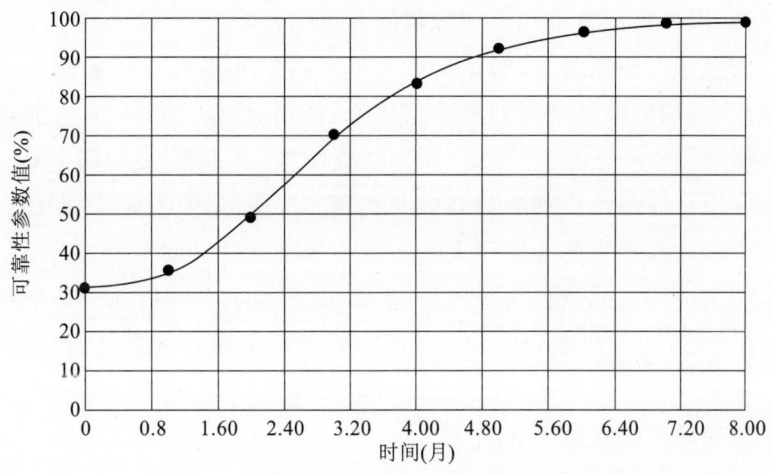

图 6-3　改进模型曲线与实际数据的关系示图

5. 问题讨论

根据实际资料的处理表明,Gompertz 模型对任意阶段的储量增长趋势的预测均可适用,一般适合于拟合从前期至后期的生命周期趋势。其变化一般经过从初期的缓慢增长到勘探中期的高速增长,直到勘探后期的逐渐递减的发展演化过程。

第七章 分形分维模型

1. 基本原理

分形理论创立于 20 世纪 70 年代中期,其研究对象为自然界和社会活动中广泛存在的无序(无规则)而具有自相似性的系统。分形论借助于自相似性原理洞察隐藏于混乱现象中的精细结构,为人们从局部认识整体、从有限认识无限提供新的方法论,为不同学科发现规律性提供崭新的语言和定量的描述。在最近十几年间,分形方法已在一些领域获得成功应用,它被用来揭示复杂现象中深藏的有组织结构。

分形理论的自相似性概念,最初是指形态或结构的相似性。随着研究工作的深入发展和领域的拓展,自相似性概念得到充实与扩充,把信息、功能和时间上的自相似性也包含在自相似性概念之中。于是,把形态(结构)、或信息、或功能、或时间上具有自相似性的客体称为广义分形。许多地质现象具有标度不变的特征,如岩石碎片、断层、地震、火山喷发、矿藏和油井等,这些现象的频度和大小之间的分布具有尺度不变性。

反映有组织结构特征的量称为分维数,用 D 值来表示。在目前一般应用的分形方法中,分维数 D 为常数,称为常维分形。例如不同地段海岸线的分维数 D 值可以取为 1.02、1.25 等。

分形分布可用如下幂指数分布定义

$$N = \frac{C}{r^D} \tag{7-1}$$

式中:r 为特征线度,如时间、长度等;N 为与 r 有关的物体数目或量值,如年产量、价格、指数等;C 为待定常数;D 为分维数。

2. 计算步骤

实际应用时要先将原始数据进行变换,然后再应用分形公式,具体变换方法叙述如下。

为方便计,将 r 取为时间的编号,例如规定某一年为第一年,则有 $r_1=1$,第二年的 $r_2=2$,等。N 为年产量或价格,如可将 N_1 取为第一年的年产量、价格,N_2 取为第二年的年产量或价格等。

在目前一般应用的分形方法中,D 为常数,这种分形可称为常维分形。它在双对数坐标上是一条直线。根据该直线上的任意两个数据点 (N_i, r_i) 和 (N_j, r_j),可以确定该段直线的分形参数,亦即分维数 D 和常数 C。将两个数据点的坐标代入式(7-1)后可以解出:

$$D = \ln(N_i/N_j)/\ln(r_j/r_i) \tag{7-2}$$

$$C = N_i r_i^D \tag{7-2'}$$

由于负数不能进行对数计算,所以当 N_i 中有负数时,必须将全部 N 值加一个常数以消除负数,亦即将全部数据点先进行一下平移处理。有时为了使分析和预测的结果更好,也可以先将全部数据点进行一下平移处理。

但是对于双对数坐标上非直线的函数关系,原有的分形方法就无法处理。为克服这一困难,我们采用了变换形成的分形概念。

现在我们说明,对于 N 与 R 之间的任一函数关系 $N=f(R)$,均可转化为分形分布 $N=C/r^D$ 的形式。为此只需令

$$f(R) = \frac{C}{r^D} \tag{7-3}$$

解出 r 可得

$$r = [C/f(R)]^{1/D} \tag{7-4}$$

亦即将 R 经过上式的变换而得到分形分布的形式。

由于 N 与 R 之间的任一函数关系 $N=f(R)$,均可转化为分形分布 $N=C/r^D$ 的形式,因此有可能用分形方法来预测各种数据。

前面已经说明,对于任一函数关系,均可转化为分形分布的形式。然而在实际应用中,往往只给出一些数据点,而函数关系则是未知的,因此变换的具体形式也就无法求出。在这种情况下,只能用尝试的方法来寻找恰当的变换方法。既然是尝试的方法,就可以变换 R,也可以变换 N。

经过选择,发现了一种施行累计和的系列变换,可以将数据进行一系列变换,从中选出一种变换,使变换后的数据能与分形分布模型符合良好,亦即使变换后的数据能用分形分布来处理。该法可简介如下。

第一步,将原始数据点 $(N_i, r_i)(i=1\sim n)$ 绘于双对数坐标上,一般情况下它们不能与分形分布模型符合良好,于是可将 N_i 排成一个基本序列,即有:

$$\{N_i\} = \{N_1, N_2, N_3, \cdots\} \quad (i=1,2,\cdots,n) \tag{7-5}$$

其他的序列均可以根据基本序列构造。例如构造一阶累计和序列 $S1$,其中 $S1_1 = N_1, S1_2 = N_1 + N_2, S1_3 = N_1 + N_2 + N_3$ 等,依类推可构造二阶、三阶累计和等,即有:

$$\{s1_i\} = \{N_1, N_1+N_2, N_1+N_2+N_3, \cdots\} \quad (i=1,2,\cdots,n) \tag{7-6}$$

$$\{s2_i\} = \{S1_1, S1_1+S1_2, S1_1+S1_2+S1_3, \cdots\} \quad (i=1,2,\cdots,n) \tag{7-7}$$

$$\{s3_i\} = \{S2_1, S2_1+S2_2, S2_1+S2_2+S2_3, \cdots\} \quad (i=1,2,\cdots,n) \tag{7-8}$$

$$\{s4_i\} = \{S3_1, S3_1+S3_2, S3_1+S3_2+S3_3, \cdots\} \quad (i=1,2,\cdots,n) \tag{7-9}$$

第二步,建立各阶累计和的分形模型。

以二阶累计和为例,将数据点 $(S2_i, r_i)(i=1,2,\cdots,n)$ 绘于双对数坐标上,即得离散的分形模型。例如根据 n 个数据点,可以得到由 $n-1$ 条直线组成的分段常维分形模型(我们最感兴趣的是最后一段分形模型,其外插值即为预测值),各条直线的分形参数,可根据式(7-2)和式(7-2')计算(其中的 N 值用 $S2$ 值代替)。

第三步,选择效果最好的变换并确定其相应的分形参数。

将各阶累计和构成的数据点分别绘于双对数坐标上之后与某一分形分布模型(本文应用的是由已知数据点构成的最后一段分形模型)进行对比,即可选择效果最好的变换并确定其相应的分形参数。

假设某阶累计和的分形分布模型确定为效果最好的模型之后,即可用外插计算的方法进行该阶累计和的预测。

第四步,将累计和的预测结果再换算成 N 值的预测结果。

本文应用的方法是先预测二阶累计和,然后一阶累计和按下式计算:

$$S1_i = S2_i - S2_{i-1}$$

计算出一阶累计和以后,N 值按下式计算:

$$N_i = S1_i - S1_{i-1}$$

至此完成了预测工作。

最后一个已知数据不用于预测,而是用于检验预测效果,如果两者比较接近,则认为分形预测模型是可以应用的。

3. 实验示例

示例 1 已知我国 1990—2000 年乙烯年产量见表 7-1,试用分形方法预测我国 2001—2010 年乙烯年产量。

表 7-1 2000—2010 年我国乙烯年产量预测结果(单位:kt)

年份	r_i	N_i(实际值)	预测结果	年份	r_i	N_i(实际值)	预测结果
1990	1	1572		2001	12		5199
1991	2	1761		2002	13		5708
1992	3	2003		2003	14		6238
1993	4	2027		2004	15		6789
1994	5	2129		2005	16		7361
1995	6	2401		2006	17		7951
1996	7	3040		2007	18		8560
1997	8	3586		2008	19		9188
1998	9	3773		2009	20		9932
1999	10	4350		2010	21		10 495
2000	11	4700	4747				

在建立坐标系时,令 1990 年为第一年,1991 年为第二年,等等。将 r 取为各年的编号,即 $r_1=1, r_2=2$ 等,N 值取为各年的乙烯年产量。应用 1990—1999 年的乙烯年产量数据用分形方法来预测 2000—2010 年的乙烯年产量,预测结果见表 7-1。从中可以看出,2000 年的已知年产量与预测的 2000 年年产量极为接近。

示例 2 已知 1986—1994 年世界石油的年平均价格(单位:美元/桶)见表 7-2,试用分形方法预测 1995—2010 年世界石油的年平均价格。

表 7-2 1995—2010 年世界石油年平均价格预测结果(括弧内为预测误差)

年份	r_i	N_i(实际值)	原有结果	结果 1	结果 2
1986	1	14.14			
1987	2	17.97			
1988	3	14.72			
1989	4	17.80			
1990	5	22.87			
1991	6	19.33			
1992	7	19.03			
1993	8	16.82			
1994	9	15.89			
1995	10	17.17	16.41(−4.4%)	17.32(0.9%)	16.50(−3.9%)
1996	11	20.43	16.90(−17.2%)	17.20(−15.8%)	16.22(−20.6%)
1997	12	19.18	17.45(−9.0%)	17.09(−10.9%)	15.98(−16.7%)
1998	13	13.15	18.00(36.9%)	16.98(29.2%)	15.76(19.8%)
1999	14		18.53	16.89	15.56
2000	15		19.13	16.80	15.37
2001	16		19.65	16.73	15.20
2002	17		20.16	16.66	15.04
2003	18		20.63	16.58	14.89
2004	19		21.08	16.53	14.76
2005	20		21.50	16.45	14.62
2006	21		21.98	16.40	14.49
2007	22		22.44	16.35	14.39
2008	23		22.94	16.30	14.26
2009	24		23.50	16.25	14.17
2010	25		24.12	16.20	14.04

为方便计,将 r 取为时间的编号,例如规定某一年为第一年,则有 $r_1=1$,第二年的 $r_2=2$,依此类推。N 为价格或指数,如可将 N_1 取为第一年的平均价格,N_2 取为第二年的平均价格等。

在建立坐标系时,令 1986 年为第一年,1987 年为第二年,等。将 r 取为各年的编号,即 $r_1=1,r_2=2$ 等,N 值取为各年的年平均价格之值,预测结果见表 7-2。结果 1 是指事先不对原始数据进行平移的预测结果,结果 2 是指事先对原始数据进行平移的预测结果。

4. 问题讨论

用数学统计方法分析油气地质特征和勘探历程,已成为国外油气资源评价的主要方法。采用分形预测法既可考虑研究区的地质特征,又可考虑其勘探历程,并且数学计算简单方便,可以用于油气资源量的预测,也可以用于储产量的预测,其结果准确性较高,值得采用。

第八章 灰色系统模型

1. 基本原理

灰色理论是由华中理工大学邓聚龙教授于1982年首次提出的。所谓灰色系统理论,就是研究灰色系统的有关建模、控模、预测、决策、优化等问题的理论。按照人们对信息系统的知晓程度,通常可以将信息系统分为三类,即白色系统、灰色系统和黑色系统,当一种信息系统完全未知的时候,就称其为黑色系统,反之,当一种系统是完全确知时,就称其为白色系统,而介于两者之间的,就叫灰色系统。

灰色系统理论认为对既含有已知信息又含有未知或非确定信息的系统进行预测,就是对在一定方位内变化的、与时间有关的灰色过程的预测。尽管过程中所显示的现象是随机的、杂乱无章的,但毕竟是有序的、有界的,因此这一数据集合具备潜在的规律,灰色预测就是利用这种规律建立灰色模型对灰色系统进行预测

灰色预测有四种类型:数列预测、灾变预测、系统预测、拓扑预测,其中在油气储、产量的预测过程中用得较多的是数列预测方法的关于一个变量、一阶微分的 GM(1,1)模型。GM(1,1)模型是基于随机的原始时间序列,经按时间累加后所形成的新的时间序列呈现的规律可用一阶线性微分方程的解来逼近。经证明,经一阶线性微分方程的解逼近所揭示的原始时间数列呈指数变化规律。因此,当原始时间序列隐含着指数变化规律时,灰色模型 GM(1,1)的预测将是非常成功的。

灰色模型作为一种较新的预测理论,已经在各行各业得到充分的应用,尤其在油气储、产量的预测中比较实用,因为其计算过程较复杂,适宜于较少的原始数据量。另外,因油田生产的连续性,在一定程度上可以保证油田生产前后条件的相似性,其油气储、产量的变化趋势才会呈现一定的规律性,灰色模型是一种微分拟合,如果经常性地出现突变,则不宜采用它。

2. 计算步骤

其基本计算过程如下:

将产量和时间的关系模拟成灰色系统 GM(1,1)模型,即:设滑动步长为 k,$\hat{Y}$ 为 GM(1,1)模拟值,Y 为实际产量的累加值,Y_t 为趋势产量,对 Y 进行累加,建立 GM(1,1) 模型:

$$\hat{y}(k+1) = (Y(1) - u/a)e - ak + u/a$$
$$Y_t = \hat{y}(k+1) - \hat{y}(k)$$

式中参数 a,u 可经计算获得。

对 Yt 进行滑动平均,便可得到趋势产量。

3. 实验示例

现以某油田分公司近 3 年的油气操作成本的数据(表 8-1)为例进行说明。

表 8-1 近 3 年来的油气操作成本(美元/桶)

年度(年)	2000	2001	2002
单位油气操作成本	5.68	5.22	4.78

(1)给出关于一个变量,一阶微分的 GM(1,1)模型。

$$x^{(1)}(k) = \sum_{i=1}^{k} x^{(0)}(i) \tag{8-1}$$

(2)数据处理。

采用累加法生成新时间序列,以弱化原始序列的随机性和波动性:

式(8-1)中,$x^{(0)}$ 为原始时间序列,由 $x^{(0)}(1), x^{(0)}(2), \cdots, x^{(0)}(n)$ 组成;$x^{(1)}$ 为累加时间序列,由 $x^{(1)}(1), x^{(1)}(2), \cdots, x^{(1)}(n)$ 组成。

一阶线性微分方程如下式所示:

$$\frac{dx^{(1)}}{dt} + ax^{(1)}(t) = u \tag{8-2}$$

其中 a,u 是待定系数。

根据表 8-1 的数据可得:$x^{(0)}$ 为原始时间序列,由 $x^{(0)}(1)=5.68, x^{(0)}(2)=5.22, x^{(0)}(3)=4.78$ 组成;$x^{(1)}$ 为原始时间序列,由 $x^{(1)}(1)=5.68, x^{(1)}(2)=10.90, x^{(1)}(3)=15.68$ 组成。

(3)估计参数 a,u。

其中 $\hat{a} = \begin{bmatrix} a \\ u \end{bmatrix} = (B^T B)^{-1} B^T X_n$

$$B = \begin{bmatrix} -\frac{1}{2}[X^{(1)}(1)+X^{(1)}(2)] & 1 \\ -\frac{1}{2}[X^{(1)}(2)+X^{(1)}(3)] & 1 \\ \vdots \\ -\frac{1}{2}[X^{(1)}(n-1)+X^{(1)}(n)] & 1 \end{bmatrix}$$

$$X_n = \begin{bmatrix} x^{(0)}(2) \\ x^{(0)}(3) \\ \vdots \\ x^{(0)}(n) \end{bmatrix}$$

$$B = \begin{bmatrix} -\frac{1}{2}[5.68+10.90] & 1 \\ -\frac{1}{2}[10.90+15.68] & 1 \end{bmatrix} = \begin{bmatrix} -8.29 & 1 \\ -13.29 & 1 \end{bmatrix} = \begin{bmatrix} 5.22 \\ 4.78 \end{bmatrix}$$

$$\hat{a} = \begin{bmatrix} a \\ u \end{bmatrix} = (B^T B)^{-1} B^T X_3 = \begin{bmatrix} 0.088\,007\,099\,8 \\ 5.949\,523\,673\,584 \end{bmatrix}$$

所以，$a = 0.088\,007\,099\,8, u = 5.949\,523\,673\,584$。

(4) 给出累加时间数列预测模型。

其中，$k = 0, 1, 2, 3, \cdots$

式(8-2)的逼近解可由下式所示：

$$\hat{x}^{(1)}(k+1) = \left(x^{(0)}(1) - \frac{u}{a}\right) e^{-ak} + \frac{u}{a}$$

所以有：$\hat{x}^{(1)}(k+1) = -61.922\,769\,40 e^{-0.088\,007\,099\,8k} + 67.602\,769\,40$

(5) 给出原始数列预测模型，对累加时间数列预测模型进行累减得：

$$\hat{x}^{(0)}(k+1) = \hat{x}^{(1)}(k+1) - \hat{x}^{(1)}(k) = \left(x^{(0)}(1) - \frac{u}{a}\right)(1-e^a)e^{-ak}$$

$$= A e^{-ak}$$

$$A = \left(x^{(0)}(1) - \frac{u}{a}\right)(1-e^a)$$

其中，$\hat{x}^{(0)}(1) = x^{(0)}(1); k = 1, 2, 3, \cdots$。

所以有：$\hat{x}^{(1)}(4) = 20.048\,732\,485\,716\,473 \approx 20.05$

$\hat{x}^{(1)}(3) = 15.673\,958\,800\,335\,895 \approx 15.67$

$\hat{x}^{(1)}(2) = 10.896\,722\,409\,833\,875 \approx 10.90$

$\hat{x}^{(1)}(1) = \hat{x}^{(0)}(1) = x^{(0)}(1) = 5.68$

对累加时间数列预测模型进行累减得：

$$\hat{x}^{(0)}(4) = \hat{x}^{(1)}(4) - \hat{x}^{(1)}(3) = 20.05 - 15.67 = 4.38$$

所以，该油田公司2003年的油气操作成本为4.38美元/桶。

同理：$\hat{x}^{(0)}(3) = \hat{x}^{(1)}(3) - \hat{x}^{(1)}(2) = 15.67 - 10.90 = 4.77$

$\hat{x}^{(0)}(2) = \hat{x}^{(1)}(2) - \hat{x}^{(1)}(1) = 10.90 - 5.68 = 5.22$

(6) 模型精度检验。

构造方差比和小误差概率对模型作检验。

预测误差 $e(k) = x^{(0)}(k) - \hat{x}^{(0)}(k)$，所以有：$e(1) = 5.68 - 5.68 = 0, e(2) = 5.22 - 5.22 = 0, e(3) = 4.78 - 4.77 = 0.01$

预测误差均值

$$\bar{e} = \frac{1}{n}\sum_{i=1}^{n} e(i), \bar{e} = \frac{1}{3}(0+0+0.01) = 0.003$$

原始数据均值

$$\bar{x}^{(0)} = \frac{1}{n}\sum_{i=1}^{n} x^{(0)}(i), \bar{x}^{(0)} = \frac{1}{3}(5.68+5.22+4.78) = 5.23$$

原始数据标准差

$$S_1 = \sqrt{\frac{1}{n}\sum_{i=1}^{n}(x^{(0)}(i)-\bar{x}^{(0)})^2}$$

$$S_1 = \sqrt{\frac{1}{3}[(5.68-5.23)^2+(5.22-5.23)^2+(4.78-5.23)^2]}$$

$$\approx 0.3675$$

预测误差标准差

$$S_2 = \sqrt{\frac{1}{n}\sum_{i=1}^{n}(e(i)-\bar{e})^2}$$

$$S_2 = \sqrt{\frac{1}{3}[(0-0.003)^2+(0-0.003)^2+(0.01-0.003)^2]}$$

$$= 0.004$$

第一后验指标:

方差比 $C = \frac{S_2}{S_1}$,有 $C = \frac{0.0047}{0.3675} = 0.0128$

第二后验指标:

小误差概率 $P = p\{|e(k)-\bar{e}| < 0.6745 S_1\}$

$$P = p\{|e(k)-0.003| < 0.24787875\} = 1$$

其中,$p = m/n$(m 为小于上述条件的误差个数)。

通过检验的标准为精度等级越小越好,四级为不通过。精度等级表如表 8-2 所示。

表 8-2 GM(1,1)模型精度等级

精度等级	一	二	三	四
P	>0.95	>0.8	>0.7	≤0.7
C	<0.35	<0.5	<0.65	≥0.65

所以,模型精度检验符合精度一,具备很高的精度,说明预测结果可靠性较高。

结论:2003 年该油田公司的油气操作成本预测值为:4.38 美元/桶。

4. 问题讨论

灰色模型作为一种较新的预测理论,已经在各行各业得到充分应用。探索其在油气储产量预测中的应用具有现实意义。但是,像其他所有的理论一样,灰色模型也有一定的适用条件,这些条件如果具备,它就可以作为一种精度高的预测方法。

(1)短期预测。灰色模型在油气储产量预测中只能作为短期预测工具,不能用于长期预测,否则会产生较大的误差,这是由灰色模型的原理所决定的。

(2)原始数据。可以选取与预测目标相近的几个时间段(年度、季度、月度)等作为预测的原始数据。

(3)油田生产的连续性。这在一定程度上可以保证前后条件的相似性,其油气储产量的变化趋势才会呈现一定的统计规律性。灰色模型是一种微分拟合,如果经常性地出现突变,此时不宜采用灰色模型。

下篇

软件系统

第一章 系统安装

本系统提供集成安装程序：setup.exe，考虑到数据的安全和保密，设置了安装密码：ys，获得本软件及使用授权后，先将本软件拷入硬盘，而后实施安装：

- 双击安装程序：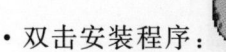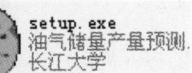
- 进入安装：油气储量产量预测系统安装界面：

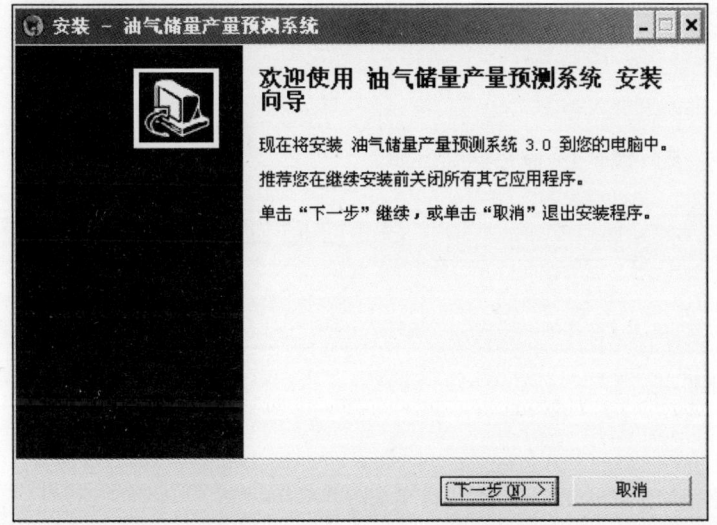

- 点击→下一步，需要输入密码（由软件开发方提供）：

·点击→下一步:(缺省安装在 C 盘)若需要安装在其他目录下,可在此点击[浏览]按钮,重新指定安装的目标位置:

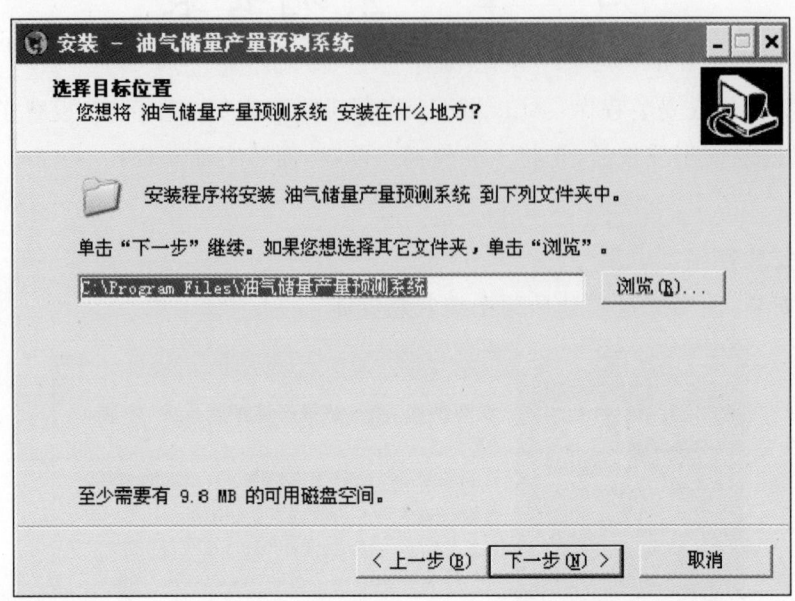

·点击→下一步:

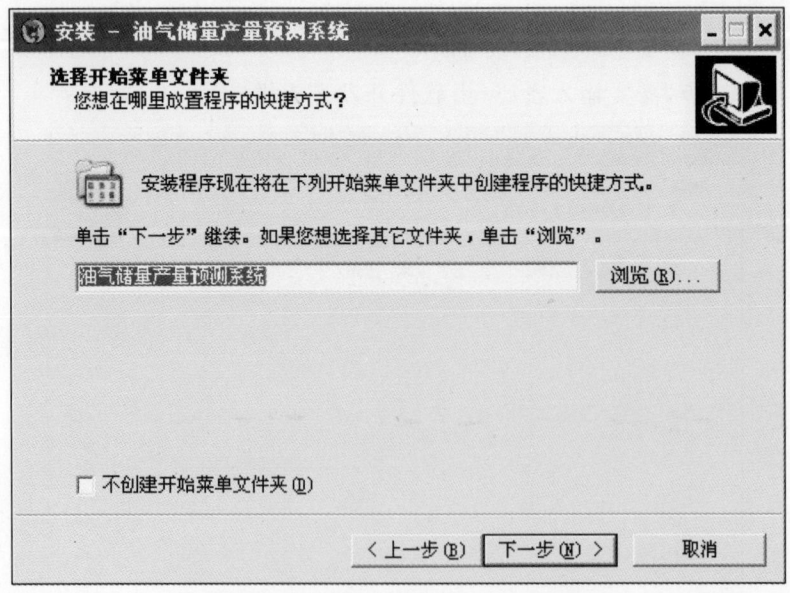

•点击→下一步：

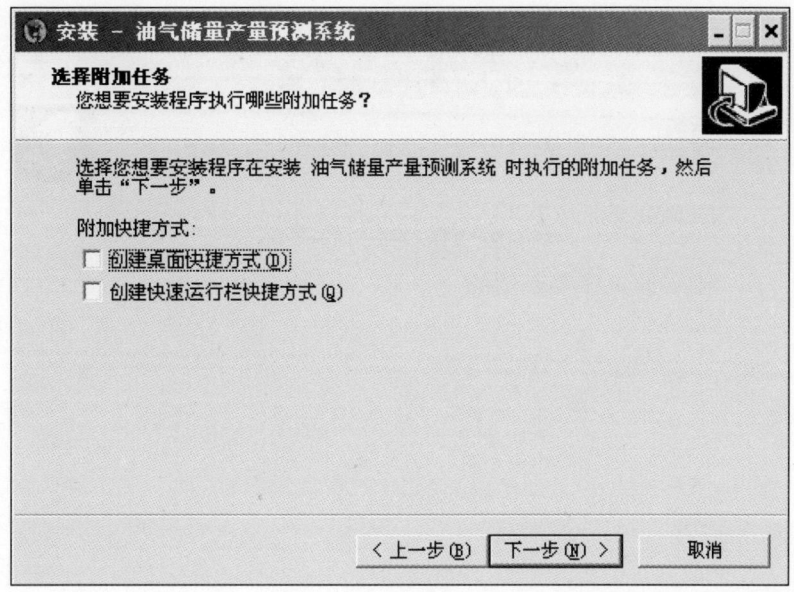

•点击→下一步：

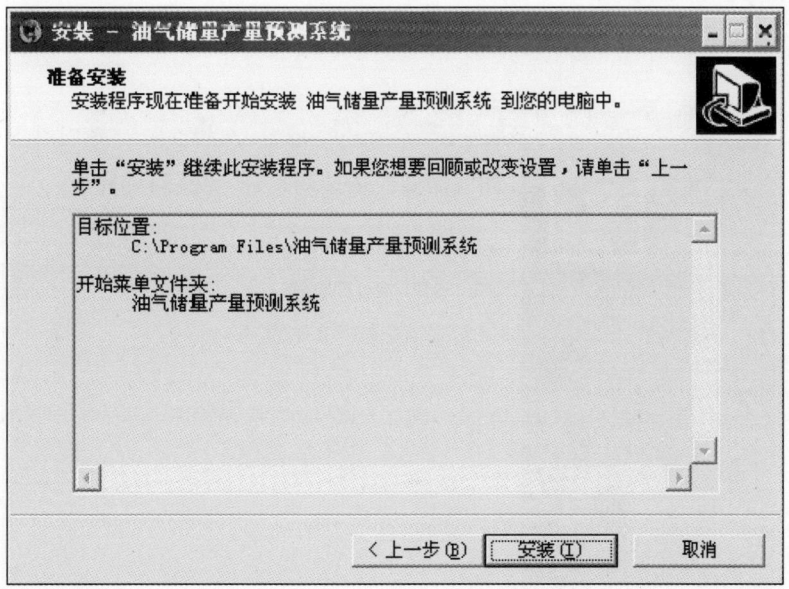

•点击→安装:

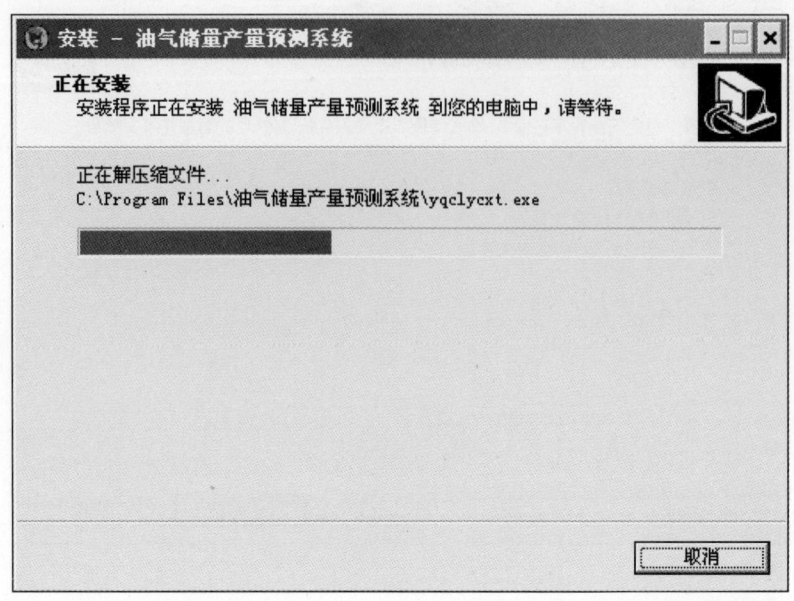

•选安装运行,即可立即进入油气储产量预测系统(也可不选择运行,待以后再单另做运行)。

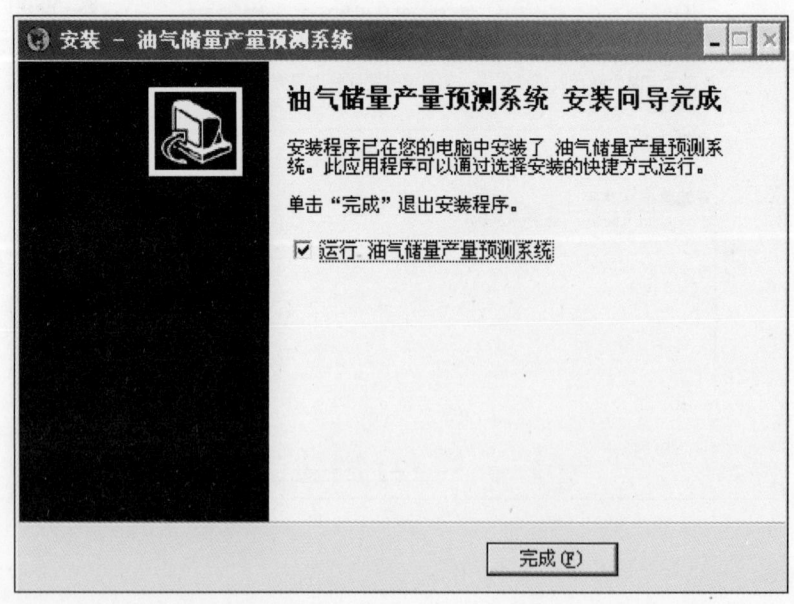

- 点击→完成,即可运行,显示出系统主界面:

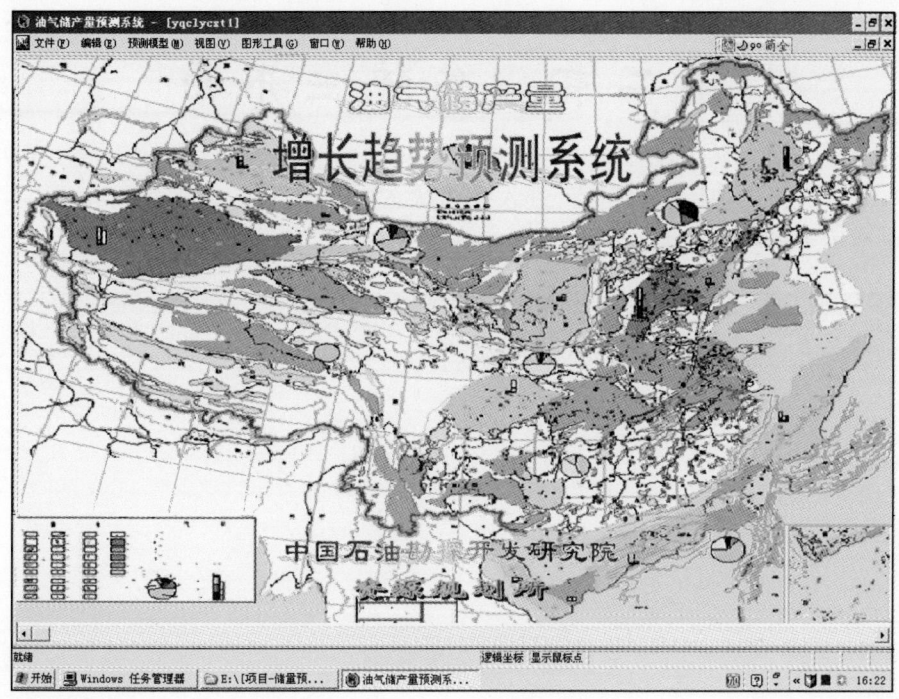

- 启动系统

任一时间启动系统。

点击:开始→所有程序→油气储产量预测系统→油气储产量预测系统:

第二章 系统主界面

当本软件安装成功后即可运行,进入操作状态。

· 在系统主界面上点击鼠标即可进入工作界面

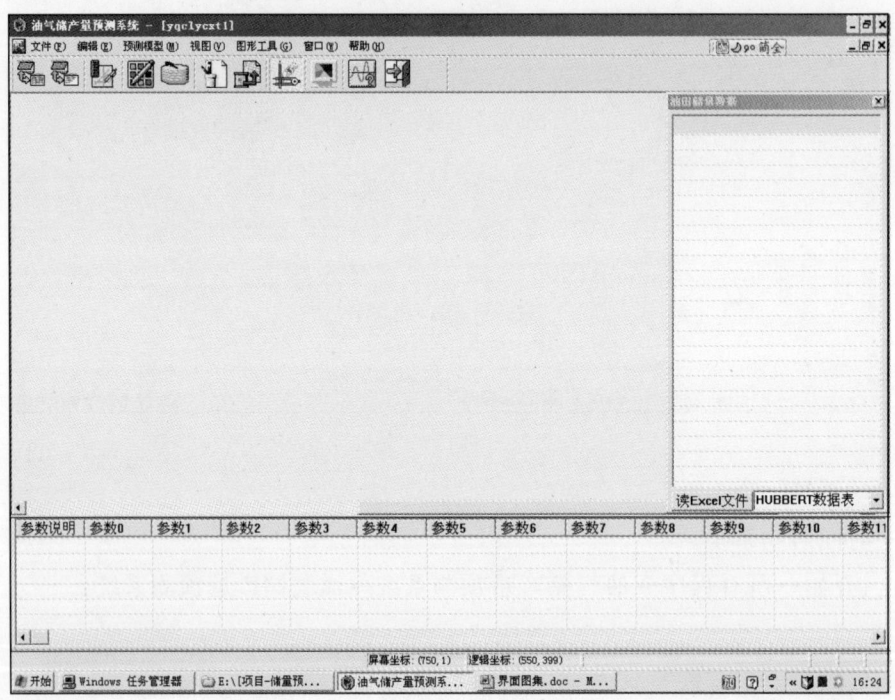

· 点击数据表调出预测原始数据

功能:本系统具有从 Excel 表和 Access 数据库两种方式读入数据,在执行预测模块前必需先从 Excel 表或 Access 数据库中调出原始数据显示在此表中(数据格式可参见第七章 数据结构定义),方可运行预测模块。

操作:点[读 Excel 文件]按钮可从硬盘中 Excel 文件读入预测原始数据。

点下拉框可从 Access 数据库中列出已有数据表名,而后选择所需的那项,即可将预测原始数据读出来列于此表中。

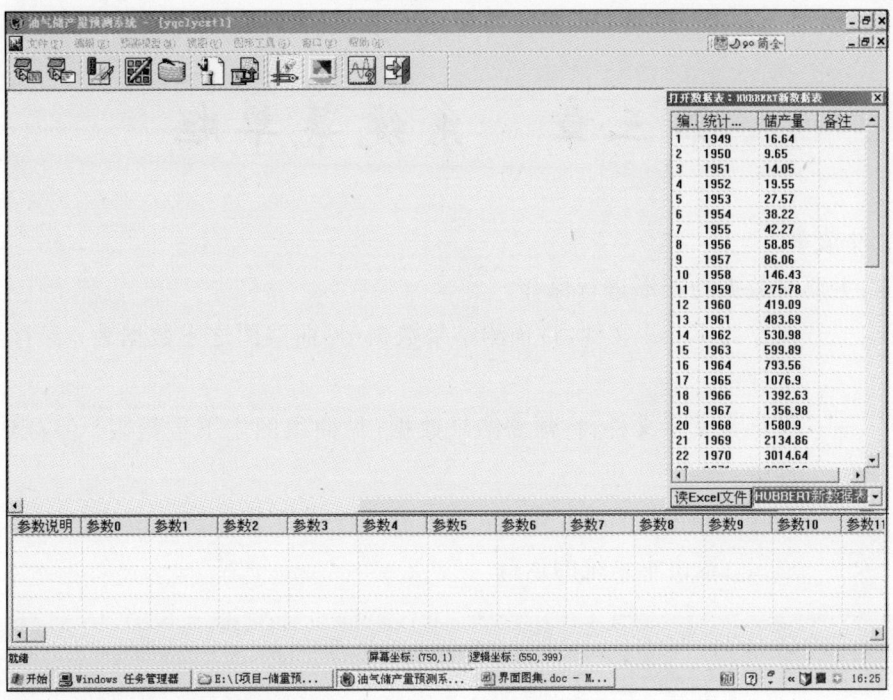

如若没有先读入预测原始数据就运行预测模块,系统将报告错误信息:"没有初始数据,不能执行",提示首先读入数据,方可调用预测模型。

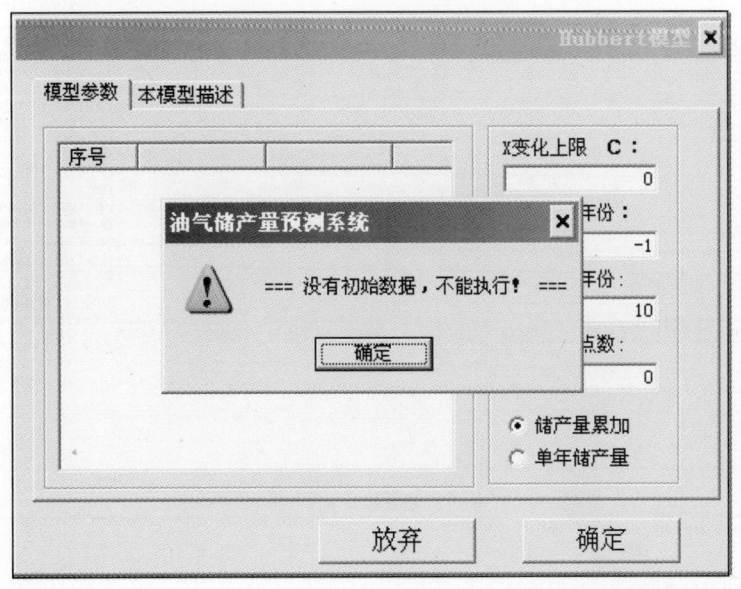

第三章 系统菜单栏

• 文件菜单

功能:主要对数据与图形进行保存。

操作:——保存为 Excel 文件:将预测结果数据(见曲线图之下数据表)保存到 Excel 文件中。

——保存为文本文件:将预测结果数据(见曲线图之下数据表)保存到文本文件中。

——保存为位图文件:将预测结果图形(曲线图)保存到 bmp 文件中。

——退出 :退出本系统的运行。

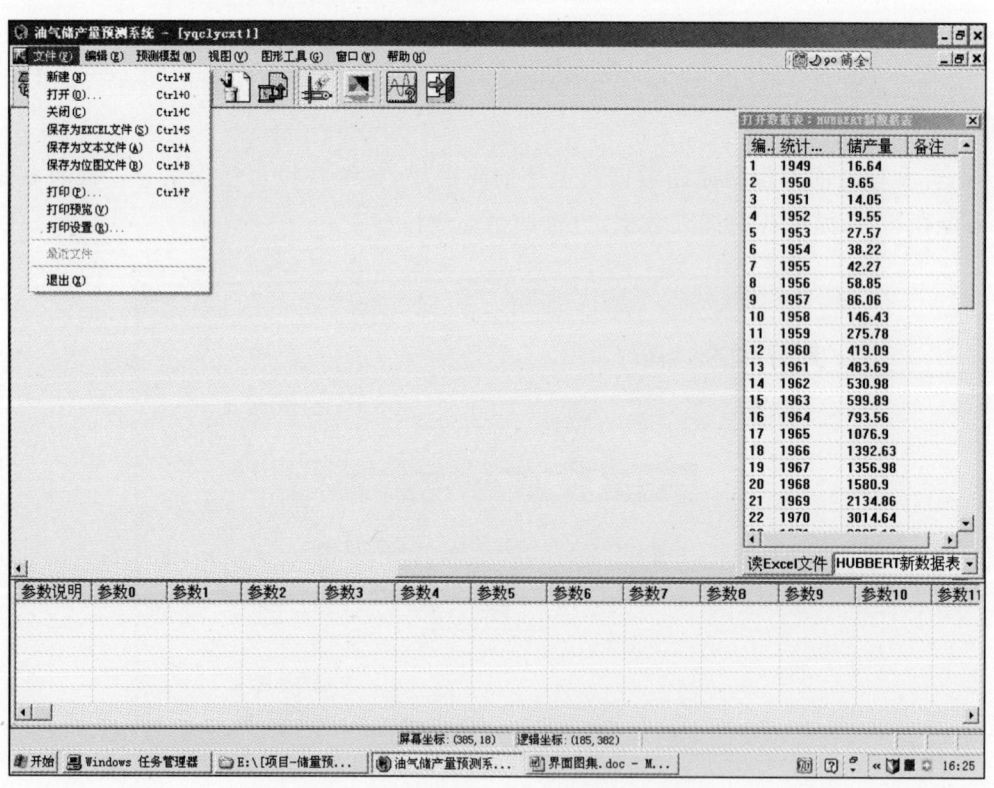

——数据保存为 Excel 文件:

提示保存路径：

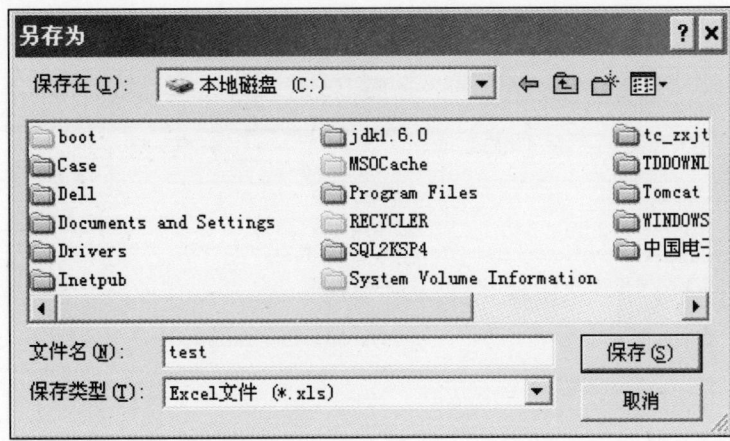

提示保存成功：

保存后的数据格式：

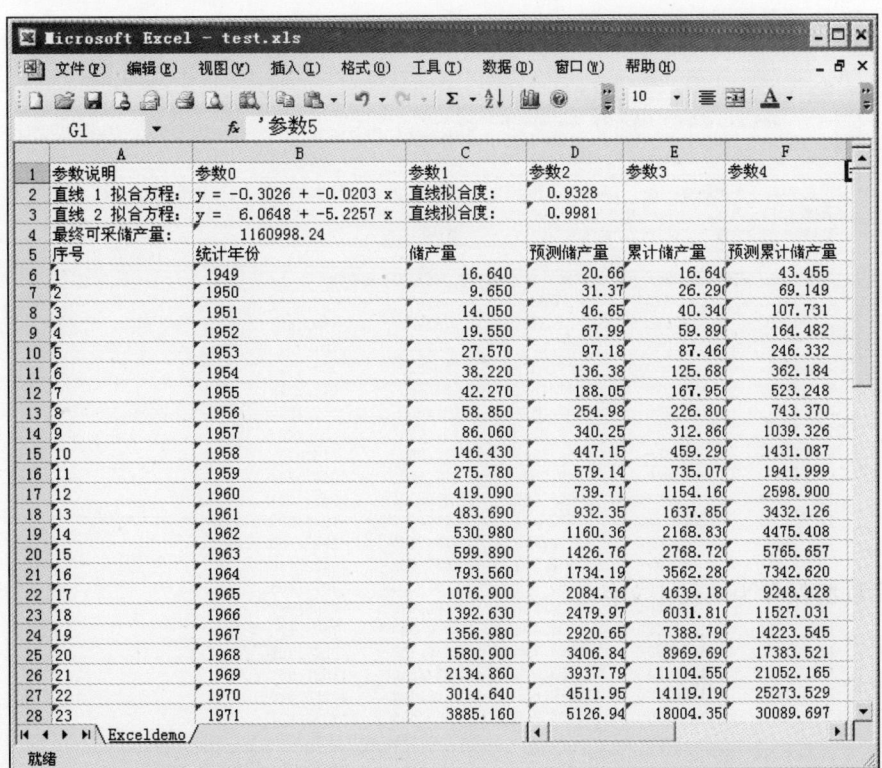

——数据保存为文本文件：

提示保存路径：

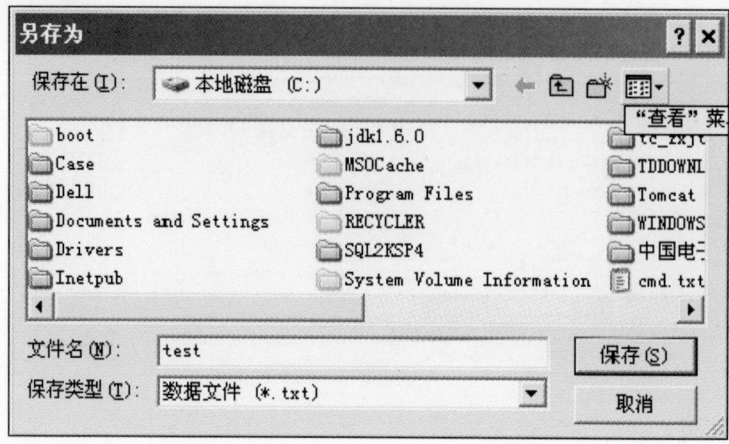

提示保存成功：

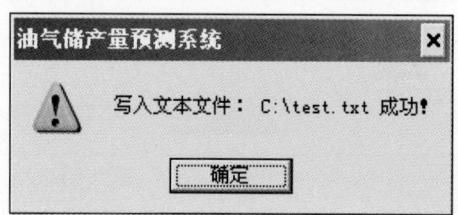

保存后的数据格式：

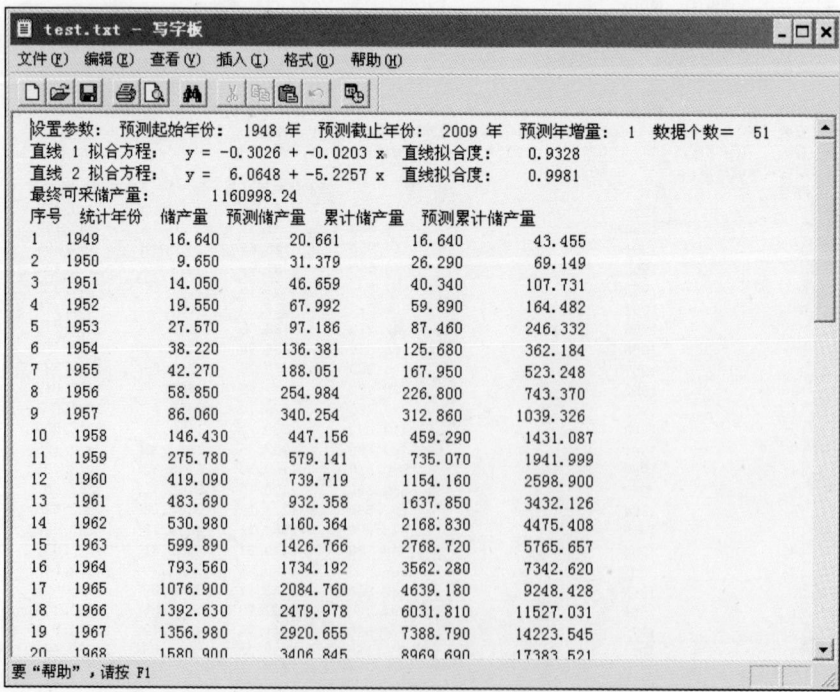

——图形保存为位图文件(bmp 格式)：

若已保存过同名文件,将提示保存文件已存在：

提示保存前操作：

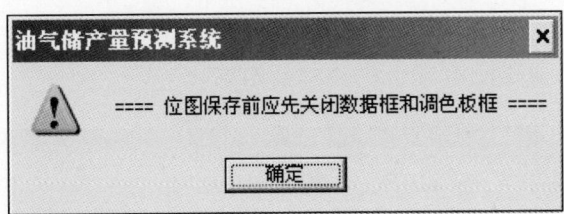

提示保存成功：

位图保存文件打开结果：

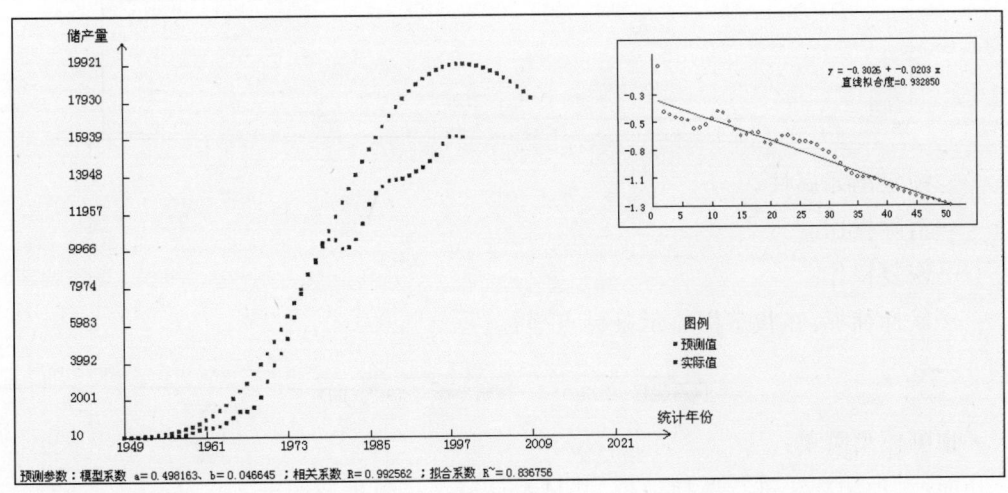

• 编辑菜单：

功能：对操作进行控制。

操作：——设置绘图区域:指定绘图区域尺寸。

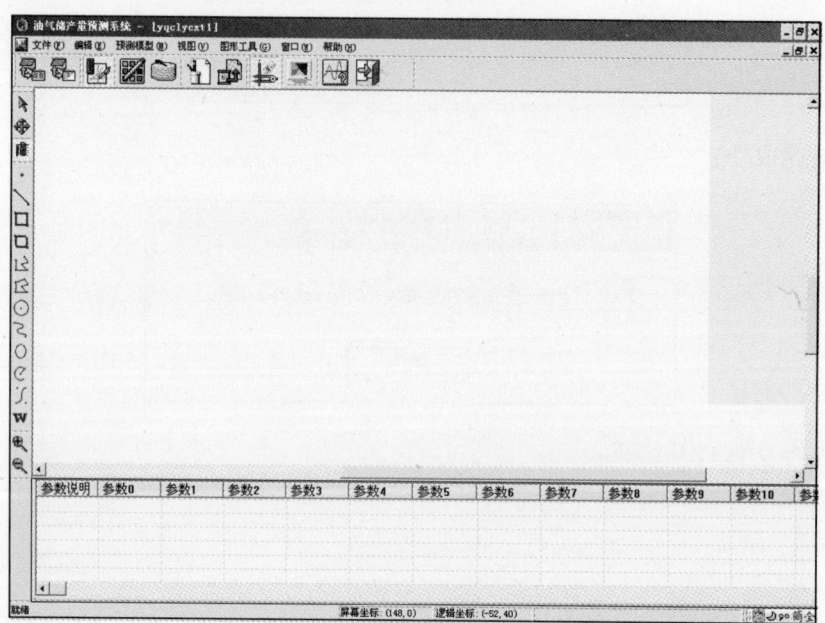

——清洁绘图区:清除绘图区中已绘制的图形。

——锁定图元属性。
——清除操作。
——恢复操作。
——鼠标捕捉:在状态栏显示鼠标点坐标。

- 预测模型菜单：

功能:对预测算法进行选择运行,并显示计算结果数据及图形。
操作：——胡伯特(Hubbert)预测模型。
　　　——胡伯特改进预测模型。
　　　——HCZ法预测模型。

下篇 软件系统

——Weng 旋回预测模型。
——Weibull 预测模型。
——Gompertz 预测模型。
——分形分维预测模型。
——灰色系统预测模型。
——油田规模序列法预测模型。
——万基业法预测模型。
——多旋回胡伯特预测模型。
——取消选择的模型。
（参见第五章的模型应用操作）

• 视图菜单：
功能：对显示窗口界面进行控制。
操作：——全屏显示。

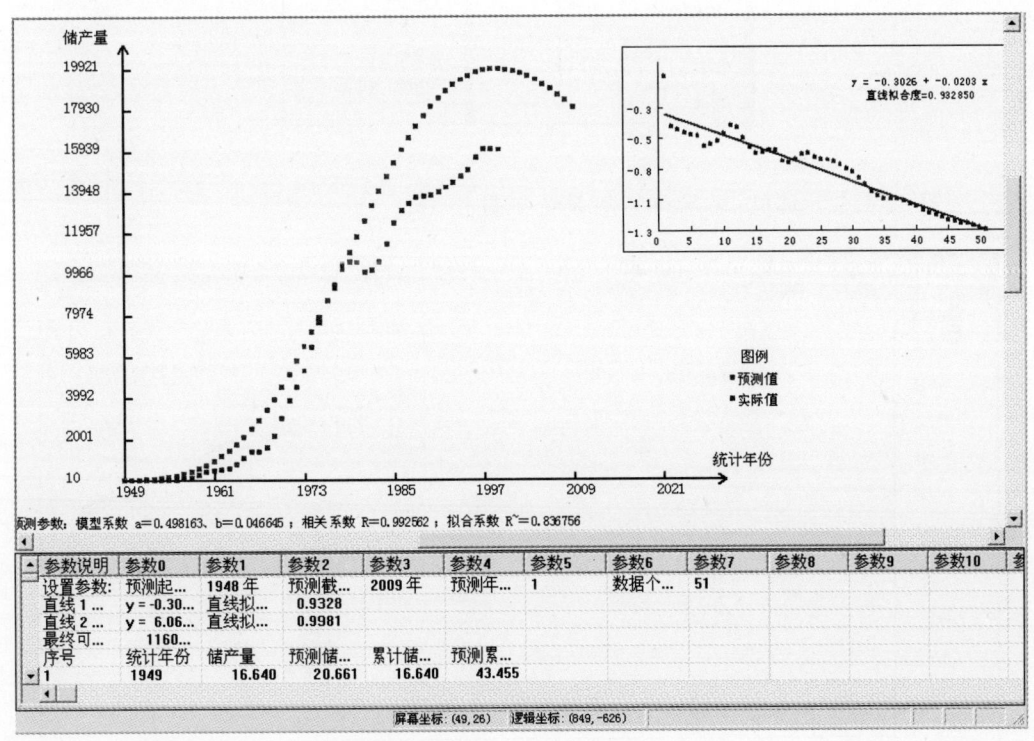

——显示坐标。

——显示状态栏：显示或去除状态栏。

——显示图元属性框。

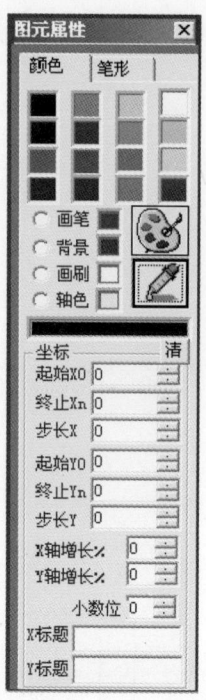

——显示系统工具栏:显示或去除系统工具栏。

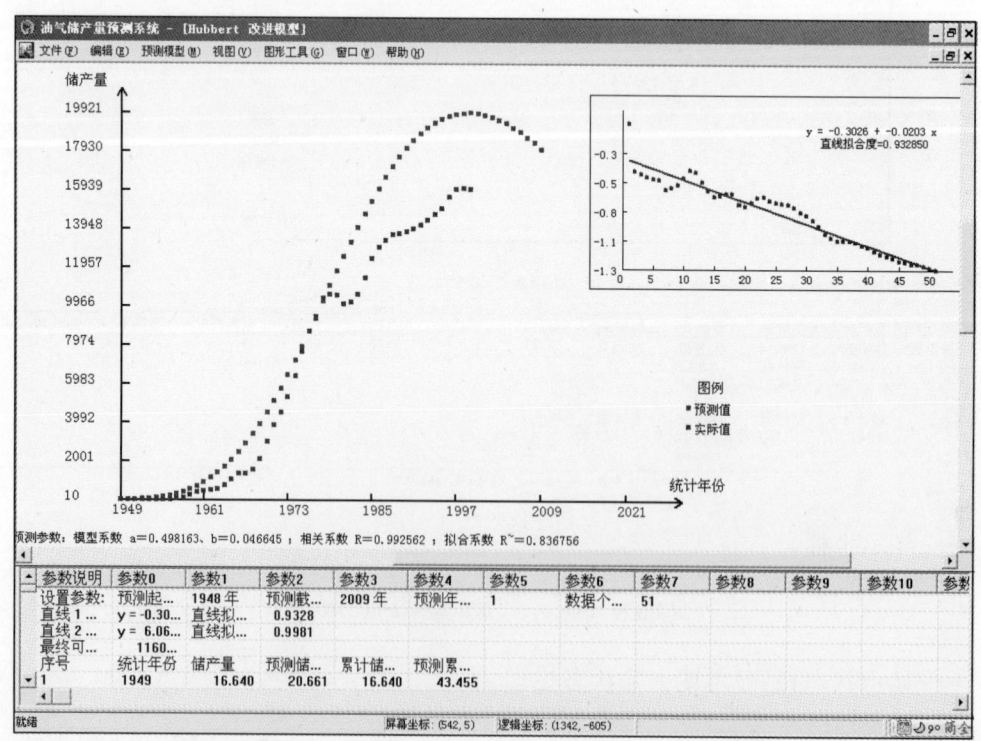

——显示绘图工具栏:显示或去除绘图工具栏,以便在工作区中手工绘图。

- 图形工具菜单:

功能:图形工具栏提供备选的绘图工具,可以手工使用相应的图元进行绘图操作。其画笔粗细、画笔颜色、背景颜色、填充形式等属性可以通过图元属性框中的元素进行定义。

操作: —— 选择。　　　　—— 画点。　　　　—— 画直线。
　　　—— 画直角矩形。　—— 画圆角矩形。　—— 画多边形。　　—— 画圆。
　　　—— 画曲线。　　　—— 画椭圆。　　　—— 画圆弧。　　　—— 画多段弧线。
　　　—— 写文字。　　　—— 移动对象。

(参见第四部分油气储量产量预测系统主工具栏)

- 窗口菜单:

功能:对显示窗口进行控制。

操作:——新建窗口:打开一个/多个空白窗口,展示不同预测模型的结果,以便对比分析。多窗口运行时,需点出数据表框,并在操作每个空窗口前先点击激活数据表框,而后才能运行预测模块在新窗口显示预测结果。

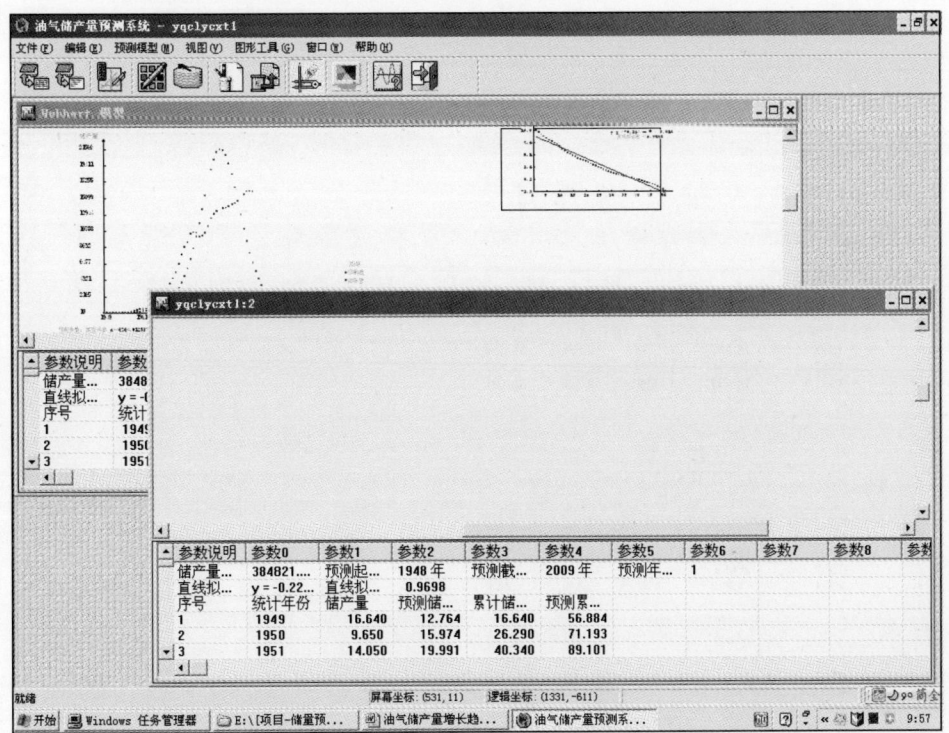

——层叠。

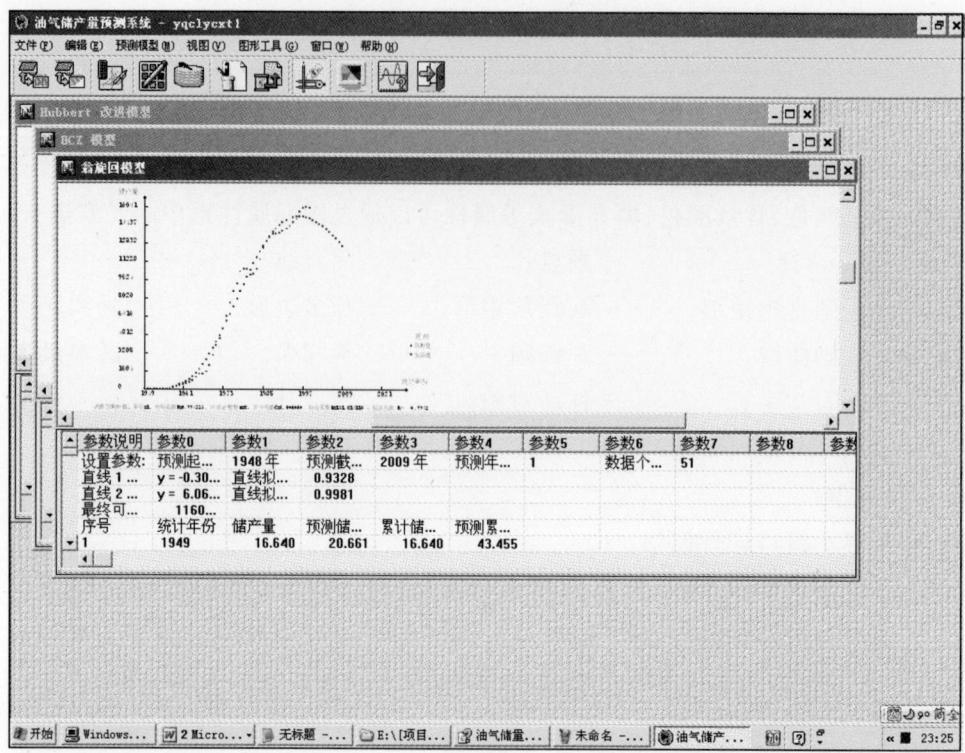

——平铺。

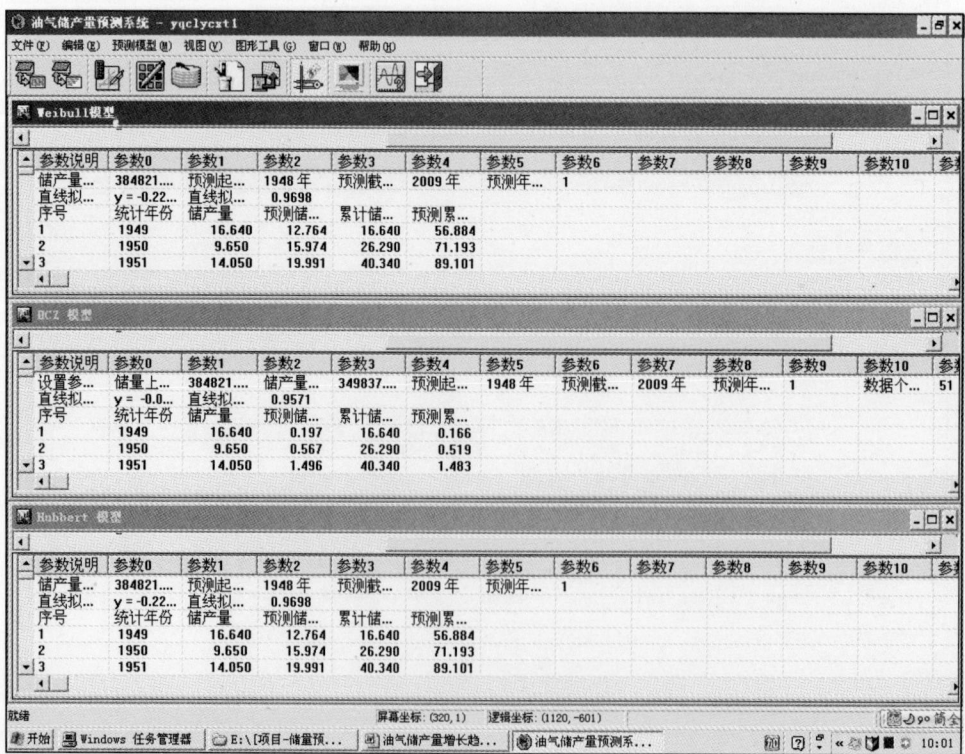

——排列图标。

多窗口比对,利用[新建窗口]菜单项可以打开多个预测图形,以便相互比较。

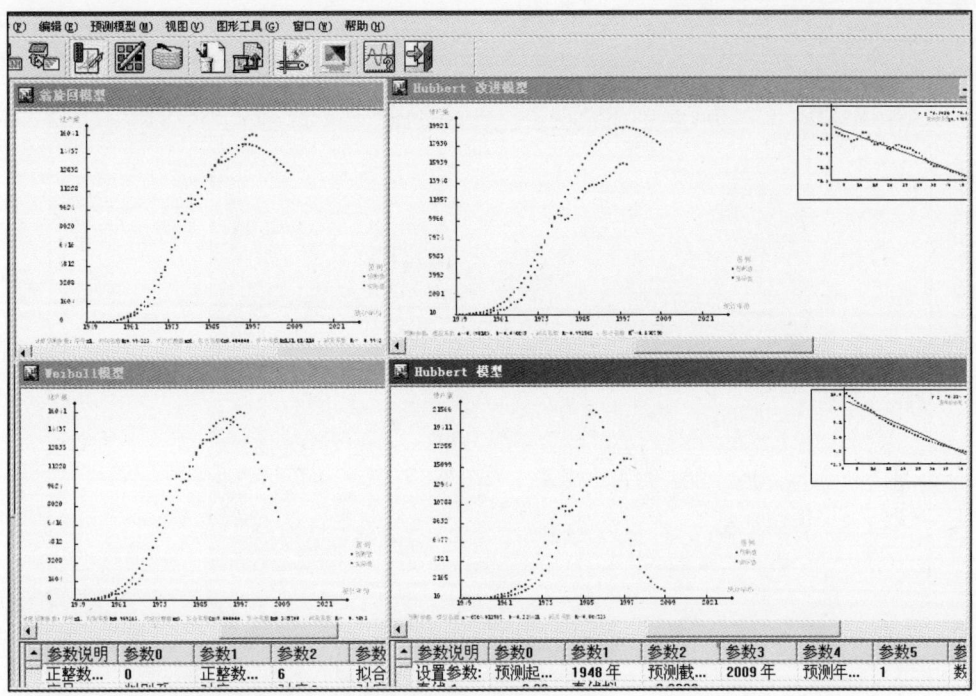

打开多个工具栏和数据输入窗体,以便快捷操作。

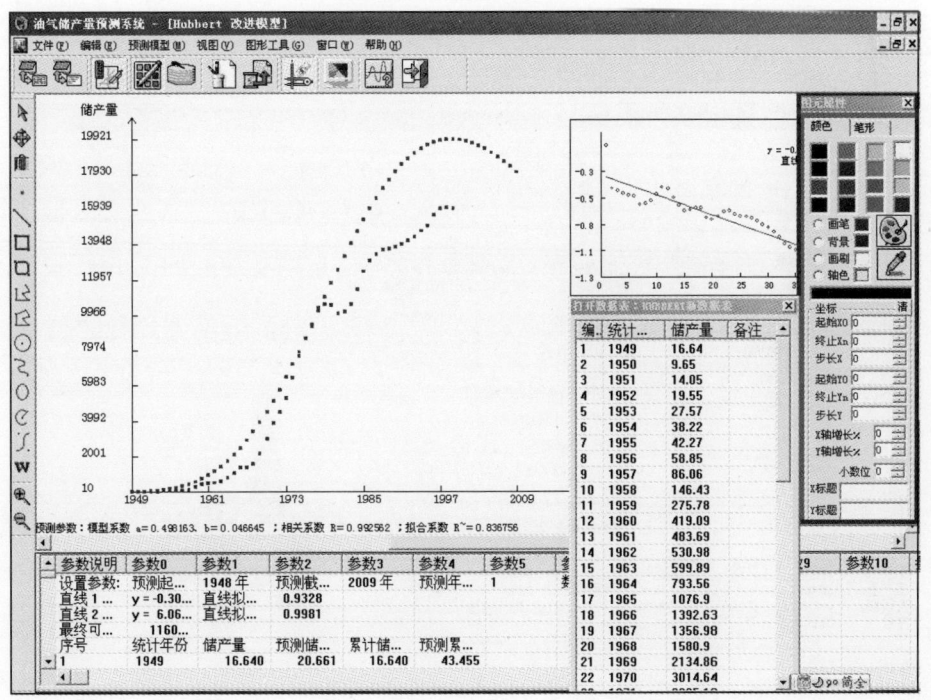

·帮助菜单：

功能：调用系统帮助文件。

操作：—— 关于油气储产量预测系统。

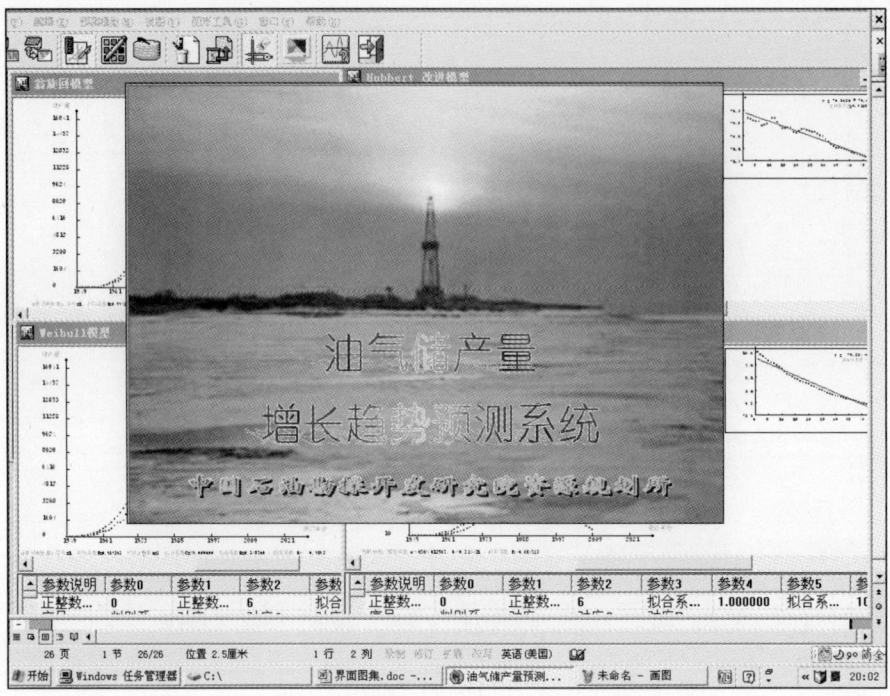

—— 帮助(CHM)　调出帮助文档：

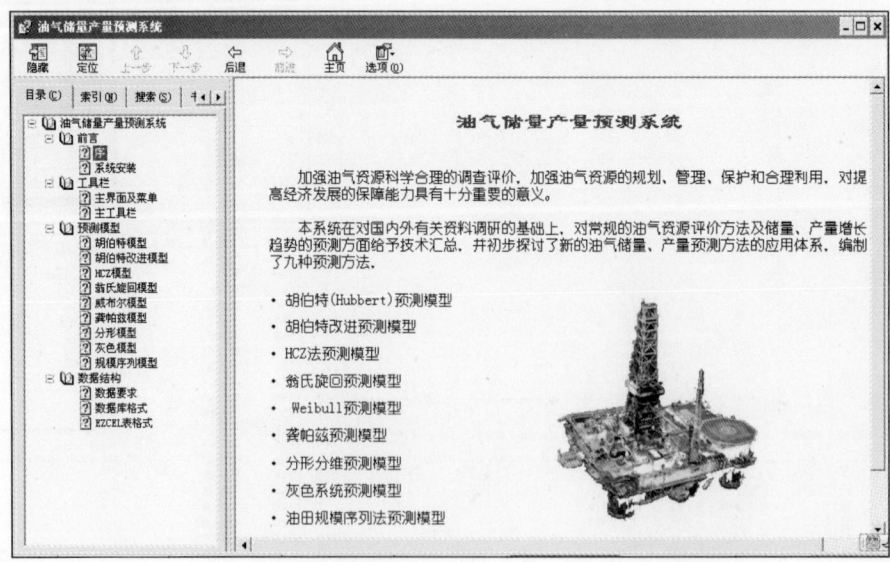

第四章 系统主工具栏

工具栏精炼了菜单栏中的主要功能，可更加方便快捷地进入指定的功能操作中。

- ▢ 功能：——数据保存为 Excel 文件（与菜单栏相应项功能相同）。

- ▢ 功能：——数据保存为文本文件（与菜单栏相应项功能相同）。

- ▢ 功能：——打开/关闭绘图工具栏，在工作界面中通过图元的使用手工绘制各种图，或在预测图上做标志（与菜单栏相应项功能相同）。

- ▢ 功能：——打开/关闭 图元属性工具箱，以便预先设置：可对画笔的属性进行更改，或对预测图的坐标进行定义（与菜单栏相应项功能相同）。

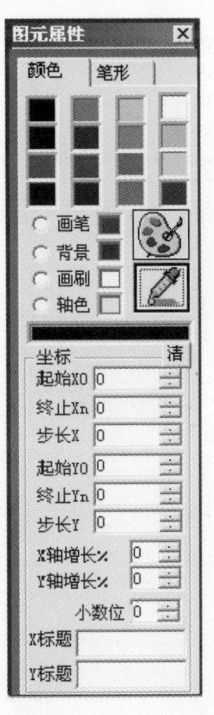

设置：绘图的画笔、背景、画刷、坐标轴等的颜色、粗细，以便获得较合适的视觉效果。

设置：图形坐标的起始、终止坐标，步长，以便获得某一区域的数据显示，所设参数将直接影响输出的计算范围。

设置：数据标示的小数点位，以便在坐标轴的标示上获得较高的精度。

设置：X 标题，以便获得在 X 轴上显示的标题；

　　　Y 标题，以便获得在 Y 轴上显示的标题；

设置：画笔的线型、笔宽以及画刷的形态和填充阴影的形态。

设置：背景是否透明。

设置：图形上标注文字的字体。

• 功能：——打开/关闭数据输入窗口（与菜单栏相应项功能相同）。

数据输入具有两种途径：通过 Access 数据库；通过 Excel 数据表（其中的数据格式参见数据结构定义部分）。

——当选择读 Excel 时提示打开路径：

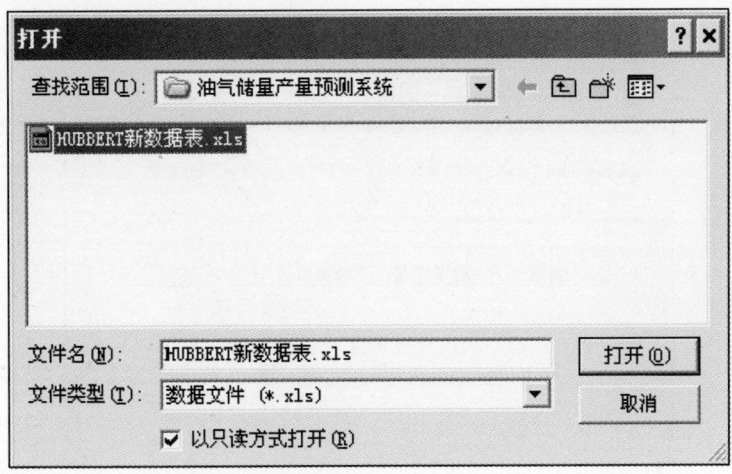

预测原始数据的 Excel 数据文件的格式：

	A	B	C	D
1	编号	统计年份	储产量	备注
2	1	1948	0.016	
3	2	1949	0.052	
4	3	1950	0.028	
5	4	1951	0.036	
6	5	1952	0.037	
7	6	1953	0.023	
8	7	1954	0.035	
9	8	1955	0.036	
10	9	1956	0.036	
11	10	1957	0.037	
12	11	1958	0.048	
13	12	1959	0.061	
14	13	1960	0.096	
15	14	1961	0.141	
16	15	1962	0.185	
17	16	1963	0.22	
18	17	1964	0.25	
19	18	1965	0.331	
20	19	1966	0.383	
21	20	1967	0.412	
22	21	1968	0.44	
23	22	1969	0.48	
24	23	1970	0.514	
25	24	1971	0.62	
26	25	1972	0.699	
27	26	1973	0.706	
28	27	1974	0.755	
29	28	1975	0.785	

规模序列法预测原始数据的 Excel 数据文件的格式：

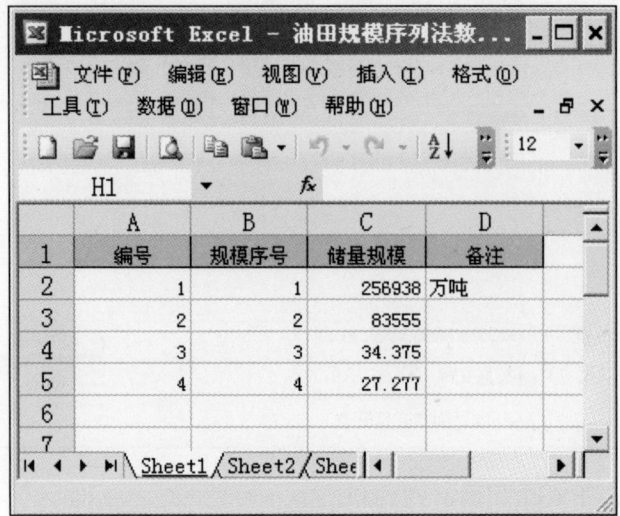

- 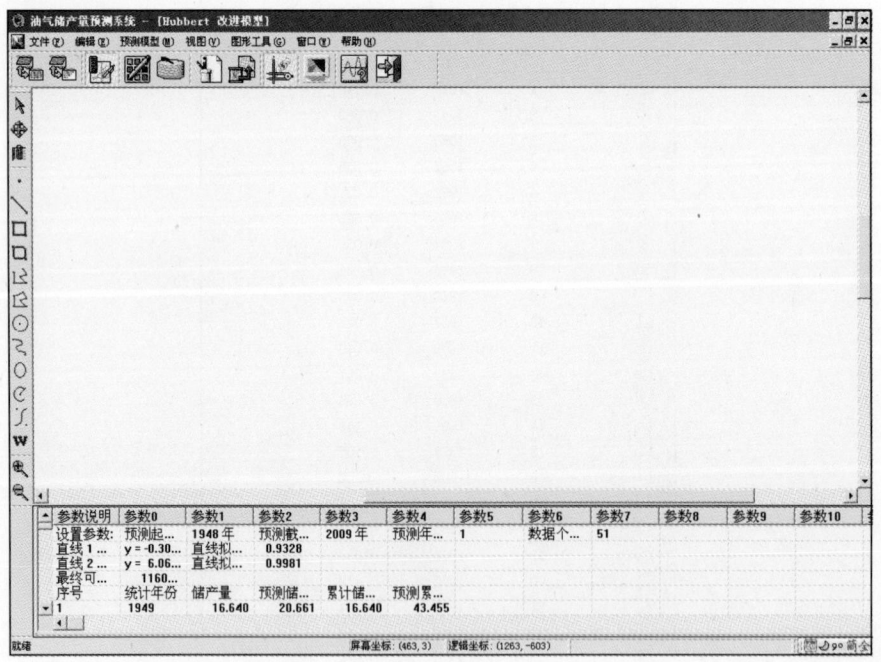 功能：——清除工作界面：

-  功能：——恢复工作界面：

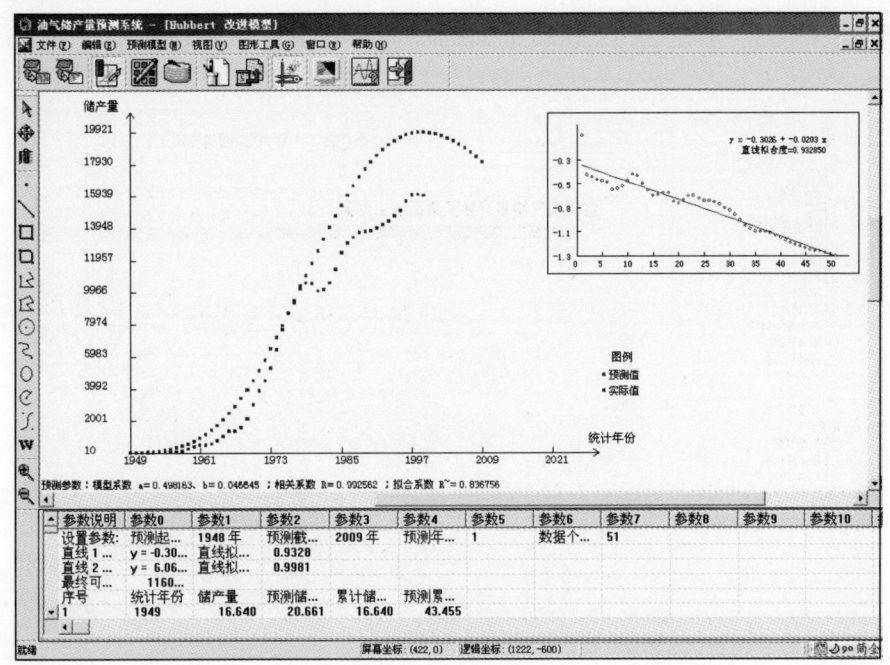

- 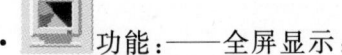 功能：——在状态栏显示鼠标点坐标：

| 就绪 | 屏幕坐标:(583,197) | 逻辑坐标:(1383,-797) |

- 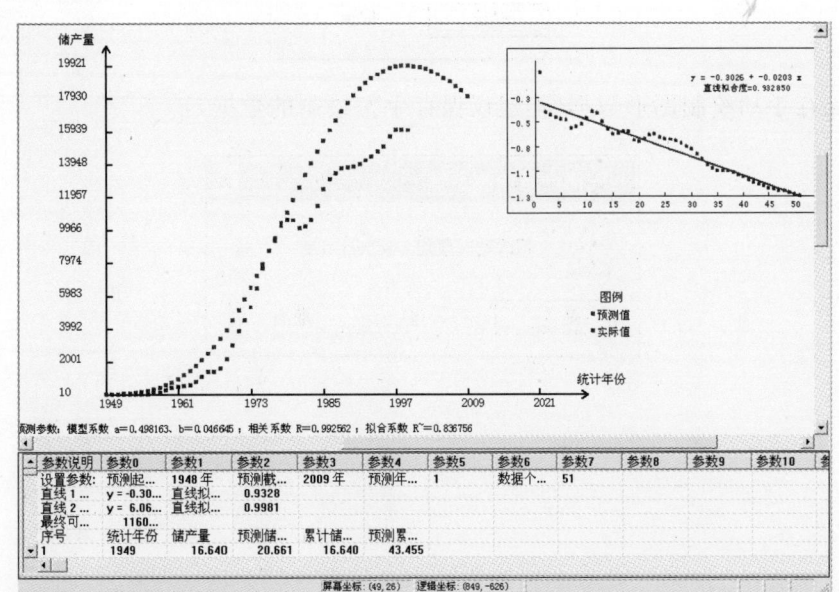 功能：——全屏显示：

- 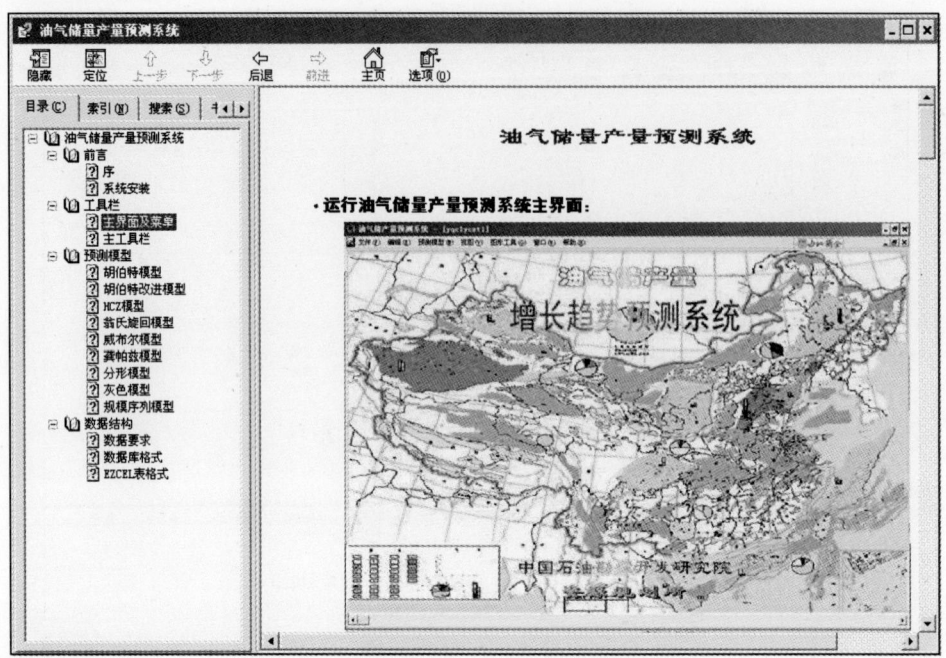 功能：——打开帮助文档，显示帮助文档界面：

- 功能：——退出系统：

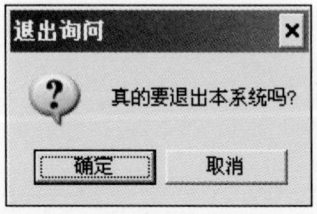

提示保存手动绘制图形数据（不建议保存手工绘制的数据）：

第五章 模型应用操作

1. 胡伯特(Hubbert)预测模型

运行操作:点击菜单→预测模型→胡伯特预测模型→选择合适的参数→确定→运行出曲线图和数据:

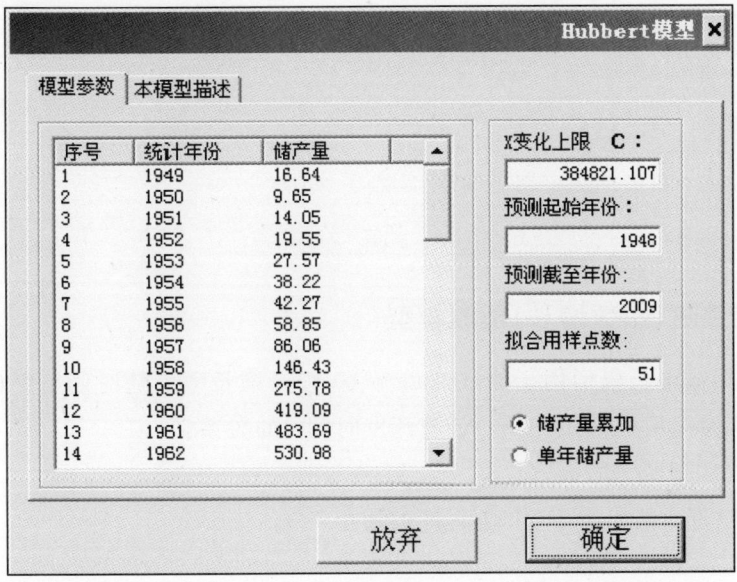

模型简述:

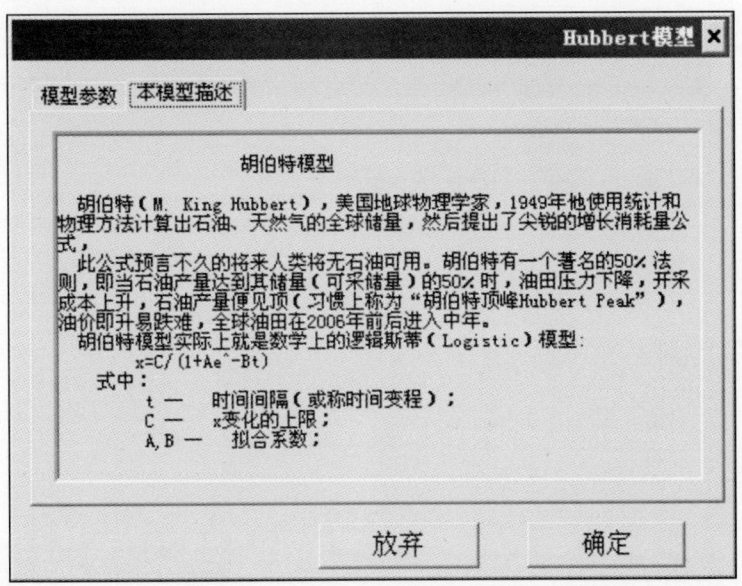

运行效果参考:

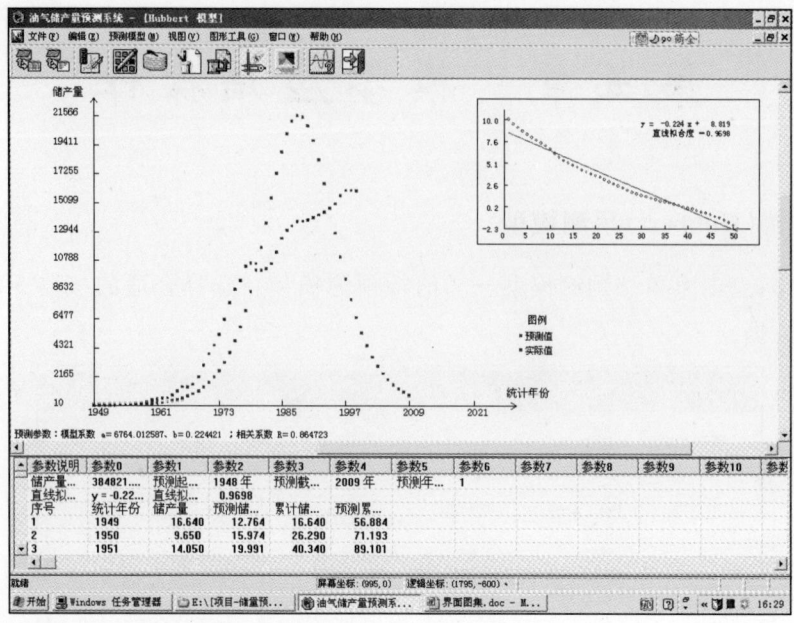

2. 胡伯特改进(指数增长)预测模型

我们可将指数增长模型用于油气产量预测,假设增长率 r 随时间 t 变化,即 r 是 t 的函数,从而得到油气田的累积产量 N_p 与开发时间 t 的关系:

$$dN_p/dt = r(t)N_p$$

如果开发时间 t 以年为单位,则油气田的年产量

$$Q = r(t)N_p$$

进入操作:点击菜单→预测模型→胡伯特改进预测模型→选择合适的参数→确定→运行出曲线图和数据:

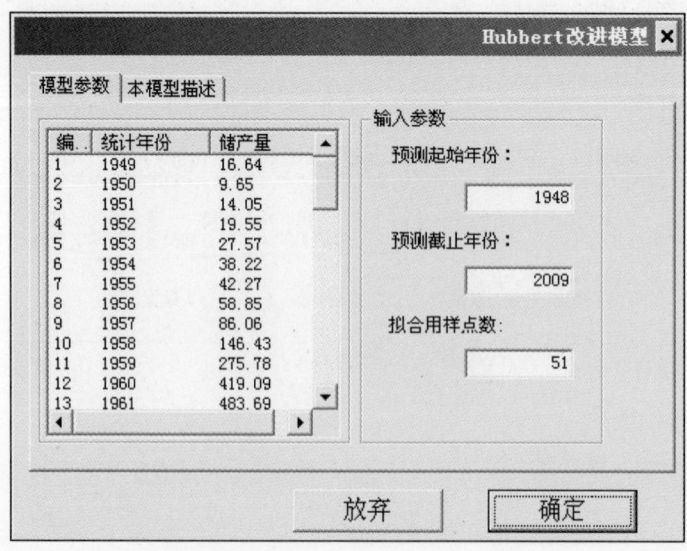

模型简述:

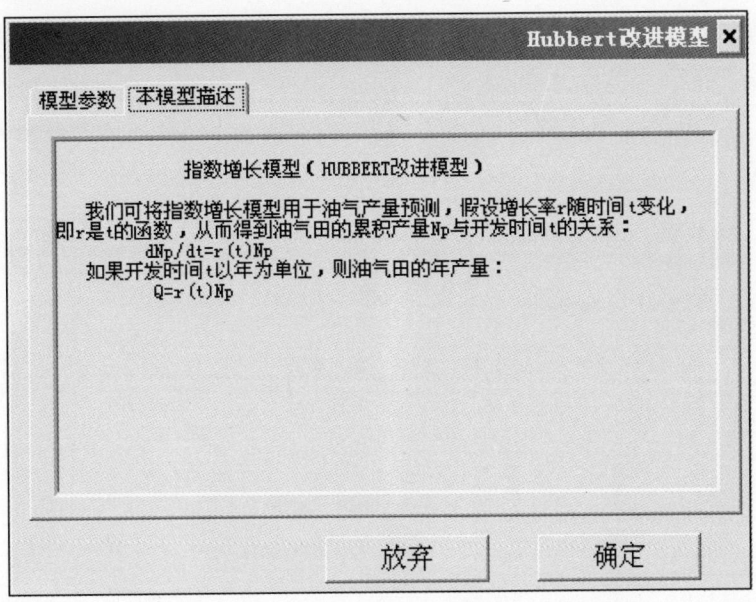

运行效果参考:

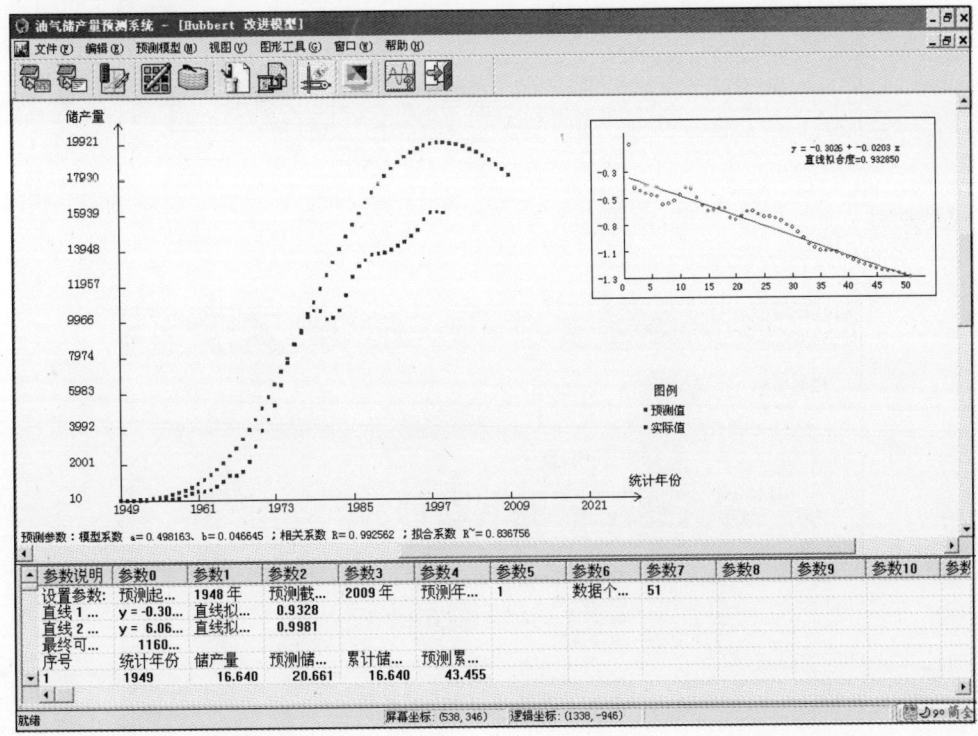

3. HCZ 法预测模型

根据大量油气田开发实际资料的统计研究和理论上的推导,由胡建国、陈元千和张盛宗提出的 HCZ 预测模型,其基本关系式为:

$$N = N_{\max}\text{EXP}(-\alpha e(-\beta t)/\beta)$$

式中:$N_{\max}$为最终可探明储量或最终可采储量;t为相对时间;N为第t年累计探明储量或累计产量;α,β为拟合系数。

进入操作:点击菜单→预测模型→HCZ预测模型→选择合适的参数→确定→运行出曲线图和数据:

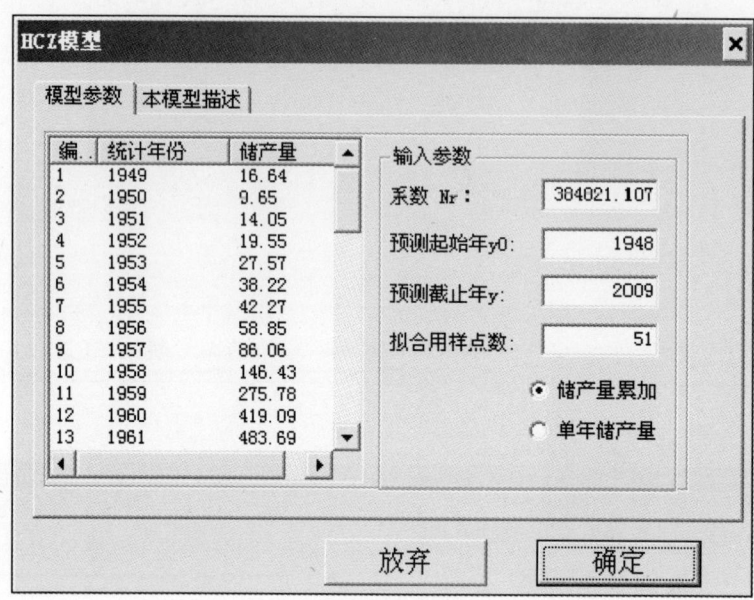

模型简述:

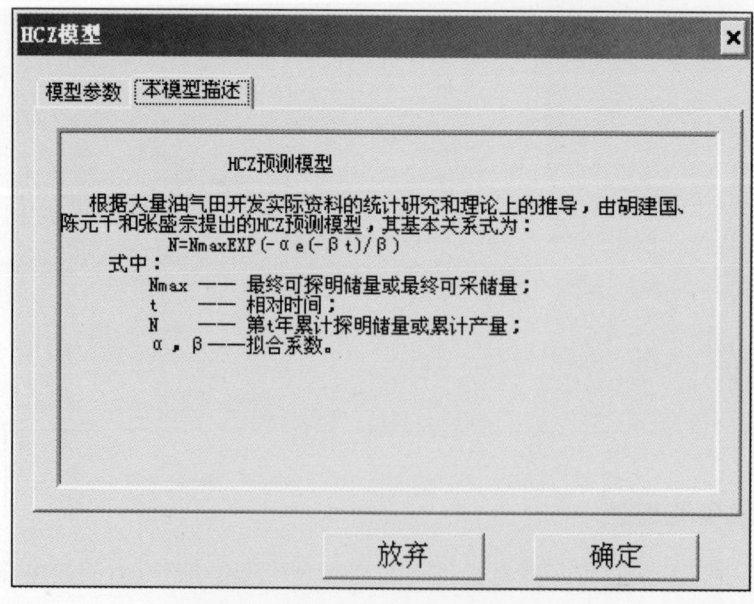

运行效果参考:

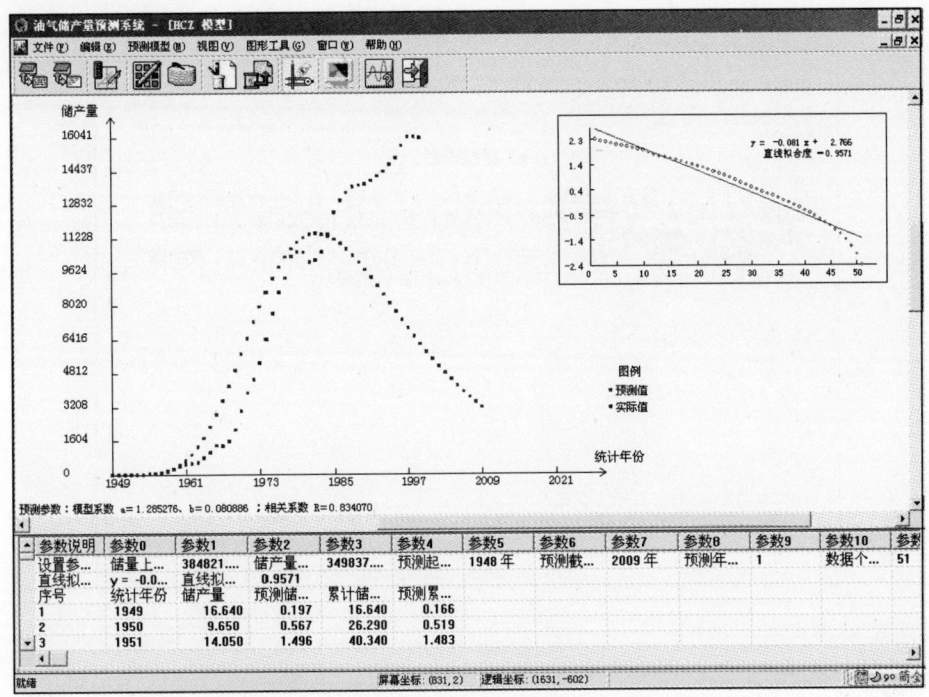

4. 翁(Weng)旋回预测模型

进入操作:点击菜单→预测模型→翁旋回预测模型→选择合适的参数→确定→运行出曲线图和数据:

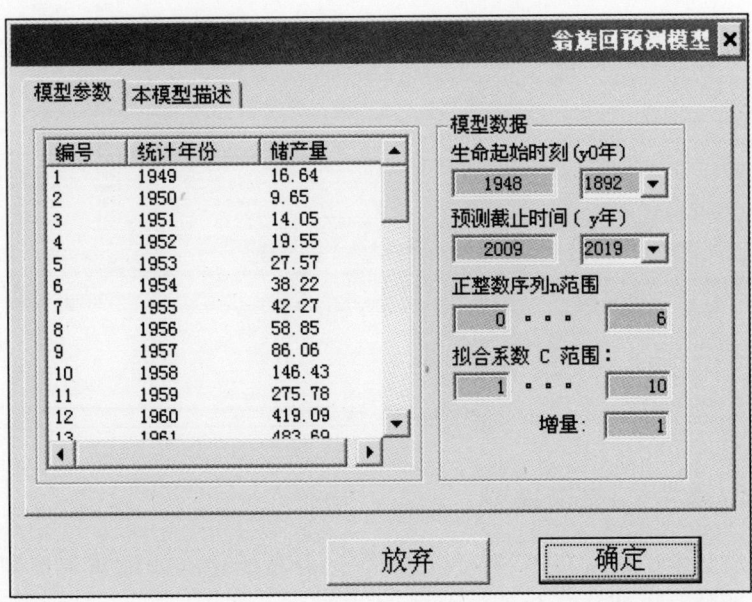

模型简述：

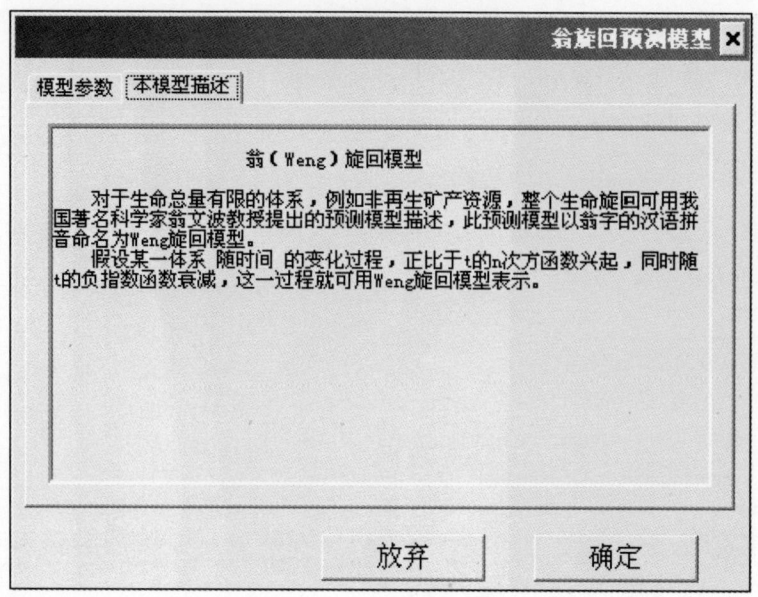

运行效果参考：

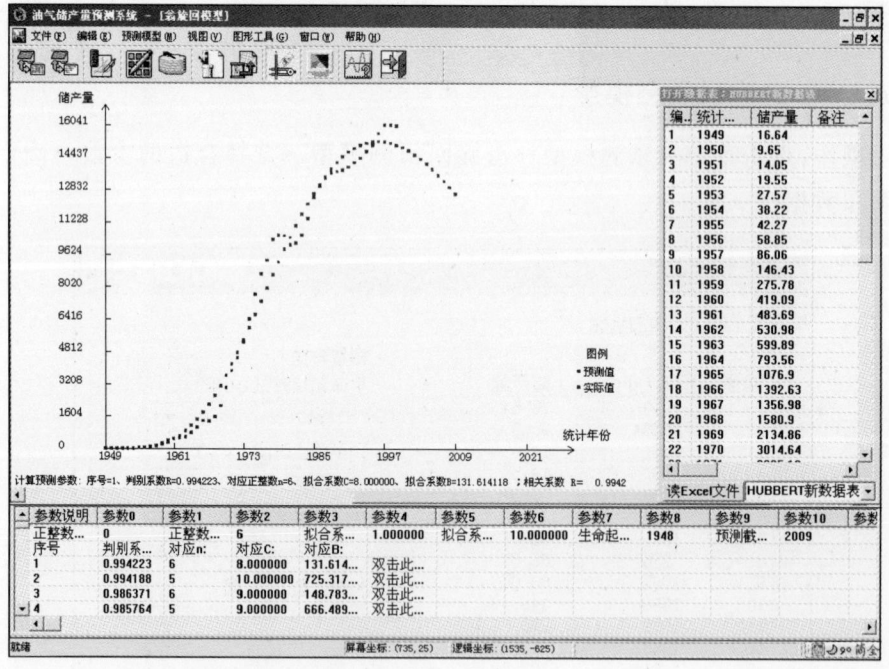

5. Weibull(威布尔)预测模型

基于数理统计学中的威布尔(Weibull,1939)分布所建立的威布尔预测模型，不但可以全过程地预测油气田的产量和累积产量，而且还可以预测油气田可采储量、剩余可采储量、剩余可采储量的储采比，以及预测油气田的最高年产量及其发生的时间。经大量油气田实际应用结果表明,这个预测模型是实用而有效的。

进入操作:点击菜单→预测模型→Weibull预测模型→选择合适的参数→确定→运行出曲线图和数据:

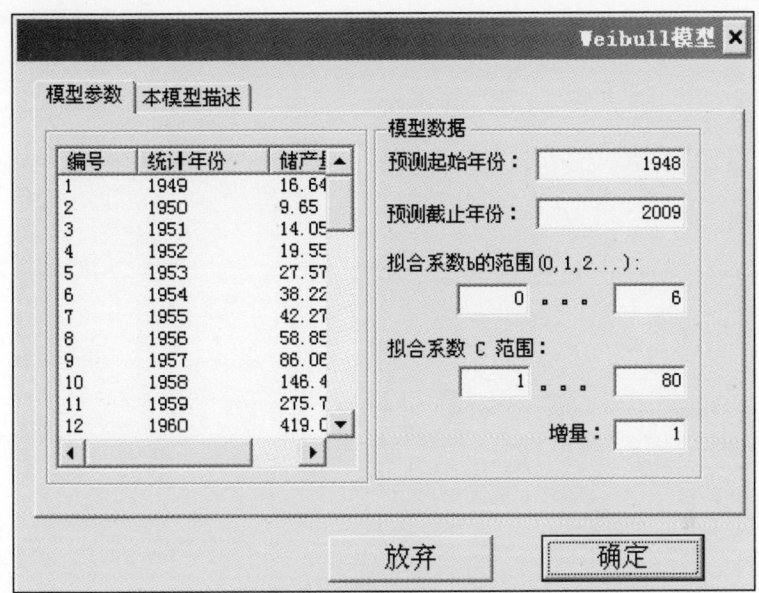

模型简述:

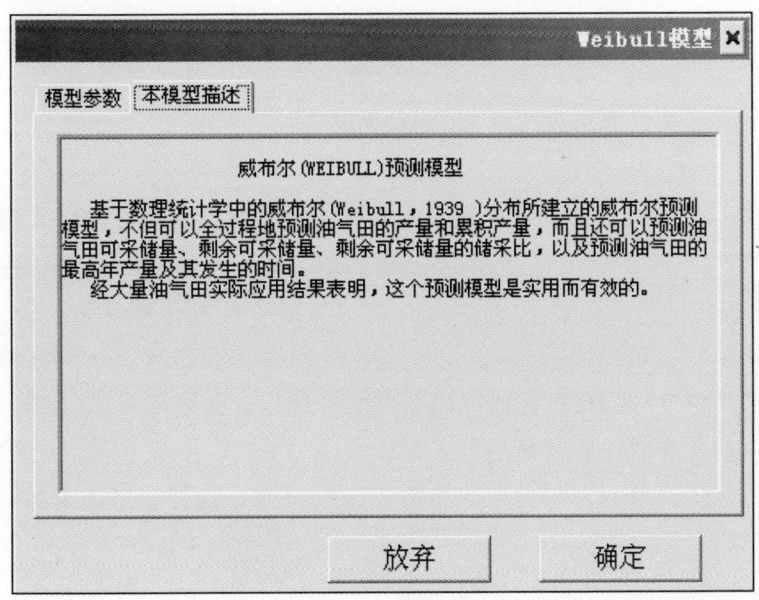

运行效果参考:

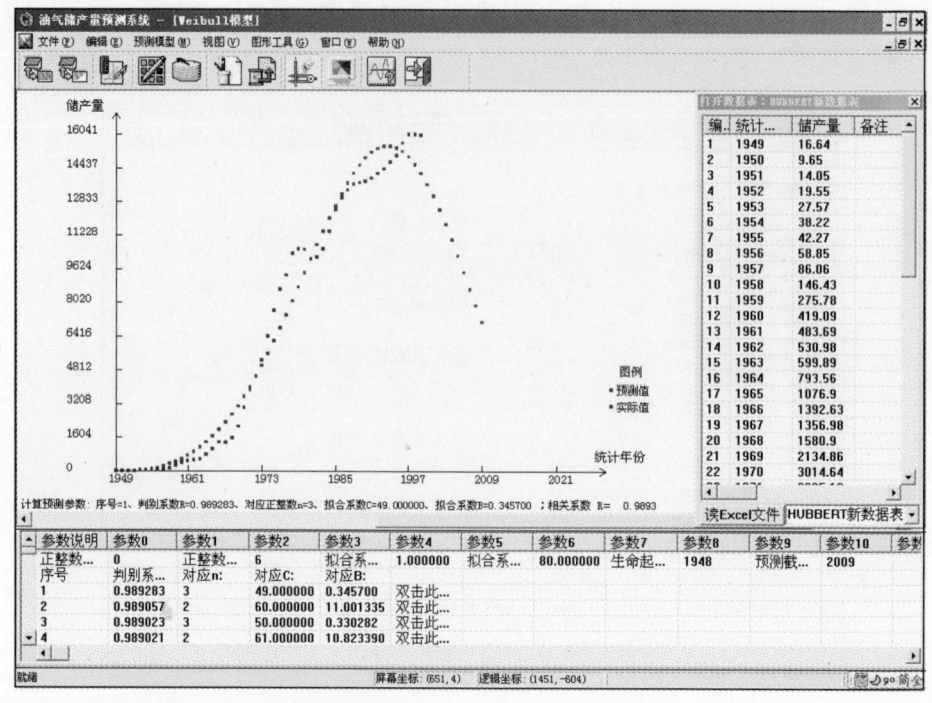

6. 龚帕兹(Gompertz)预测模型

当需要处理的数据中包含有不同阶段和时间的特征时,Gompertz 可靠性生长模型是最常用到的数据处理模型。Gompertz 模型一般适宜于处理呈平滑变化曲线的数据。

Gompertz 模型的数学表达式由 Virene 所定义:

$$R = ab^{c^t}$$

其中,参数 R 表示在发展时间 t 时或阶段取值 t 时系统所取得的可靠性值;参数 a、b 是当取值为零时可靠性的取值或是其初始值;参数 c 是一个生长模式指示器,其取值小时表示可靠性 R 值在早期变化迅速,取值大时表示可靠性 R 值在早期变化缓慢。

由 Gompertz 模型的数学表达式可看出,该模型是由参数 a、b、c 所构成的三参数模型,其参数的解是由 T_i 和 R_i 所构成的离散点的最佳拟合线来求取,这在数学上有许多方法可使用,常用的是非线性回归最小平方和算法。

进入操作:点击菜单→预测模型→龚帕兹预测模型→选择合适的参数→确定→运行出曲线图和数据:

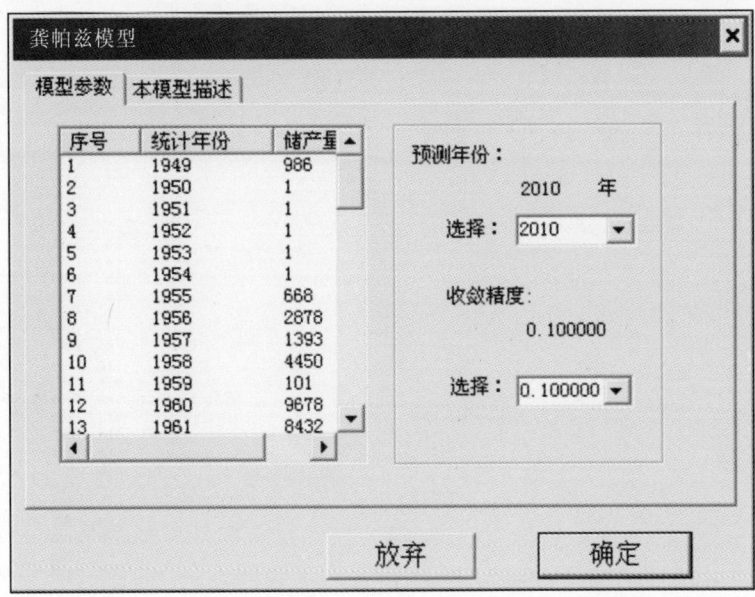

模型简述：

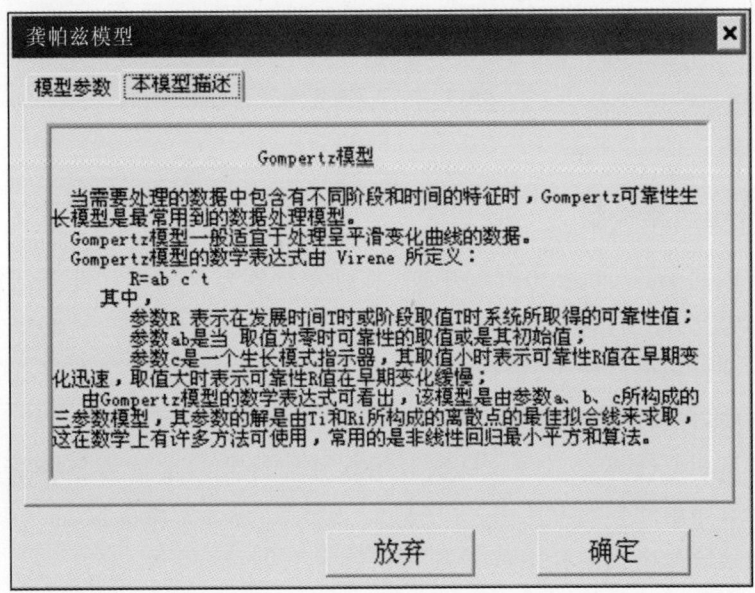

运行效果参考：

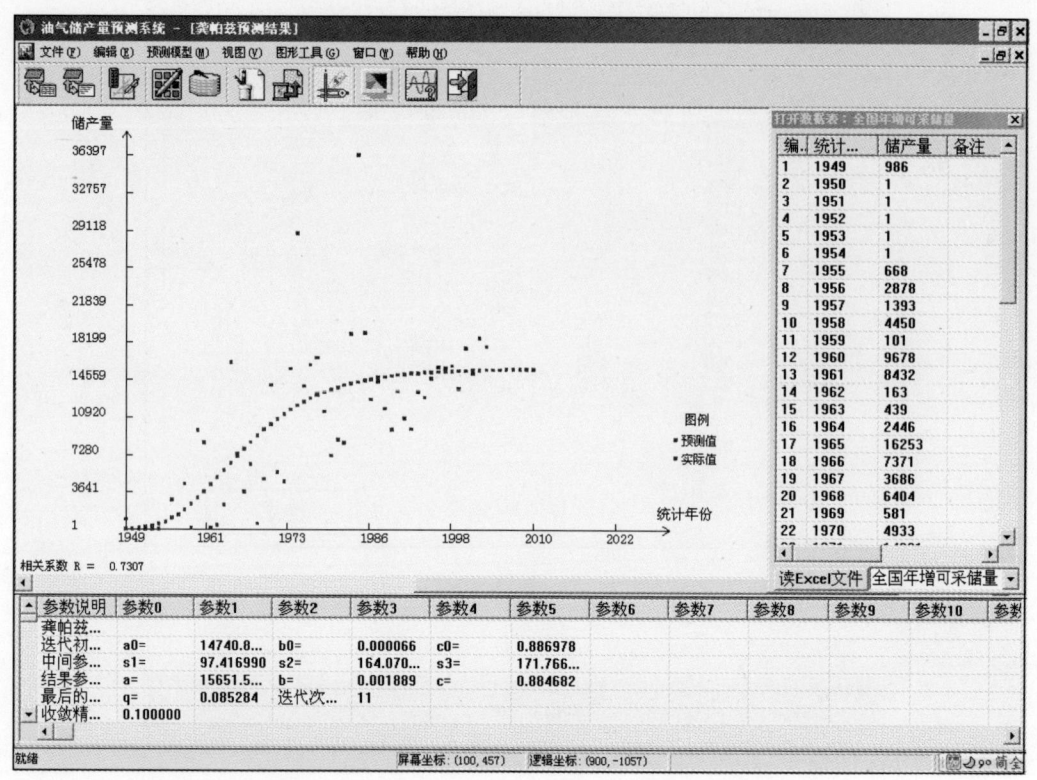

7. 分形分维预测模型

分形理论创立于20世纪70年代中期，其研究对象为自然界和社会活动中广泛存在的无序（无规则）而具有自相似性的系统。

分形理论的自相似性概念，最初是指形态或结构的相似性。随着研究工作的深入发展和领域的拓展，自相似性概念得到充实与扩充，把信息、功能和时间上的自相似性也包含在自相似性概念之中。反映有组织结构特征的量称为分维数，用 D 值来表示。在目前一般应用的分形方法中，分维数 D 为常数，称为常维分形。

例如不同地段海岸线的分维数 D 值可以取为 1.02、1.25 等。

分形分布可用如下幂指数分布定义：

$$N = C/r^D$$

式中，r 为特征线度，如时间、长度等；N 为与 r 有关的物体数目或量值，如年产量、价格、指数等；C 为待定常数；D 为分维数。

进入操作：点击菜单→预测模型→分形预测模型→选择合适的参数→确定→运行出曲线图和数据：

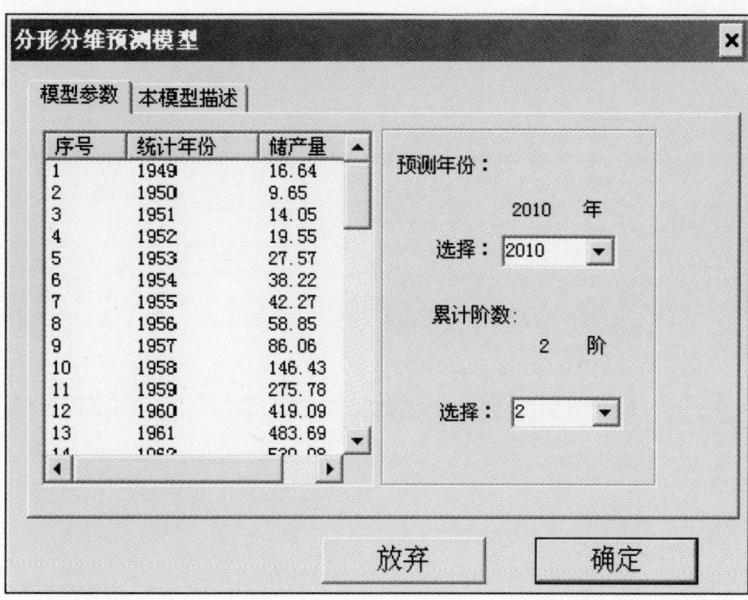

模型简述：

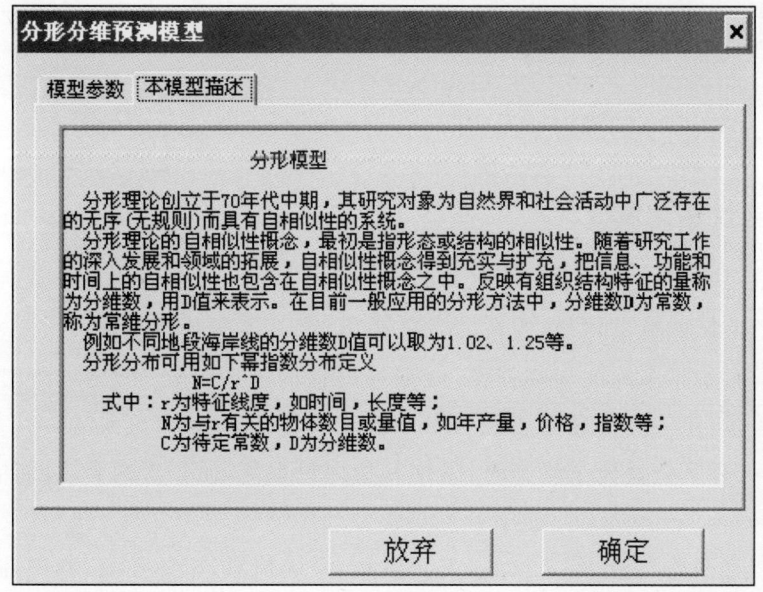

运行效果参考：

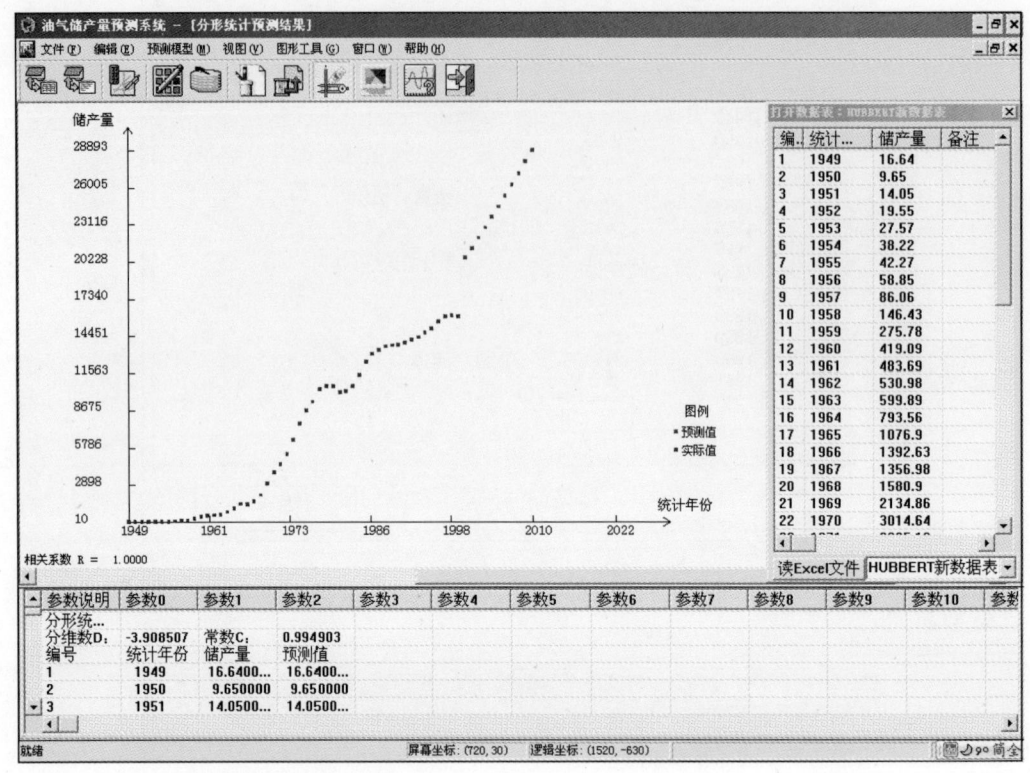

8. 灰色系统预测模型

灰色理论是由华中理工大学邓聚龙教授于1982年首次提出的。所谓灰色系统理论，就是研究灰色系统的有关建模、控模、预测、决策、优化等问题的理论。

按照人们对信息系统的知晓程度，通常可以将信息系统分为三类，即白色系统、灰色系统和黑色系统，当一种信息系统完全未知的时候，就称其为黑色系统，

反之，当一种系统是完全确知时，就称其为白色系统，而介于两者之间的，就叫灰色系统。

灰色预测有四种类型：数列预测、灾变预测、系统预测、拓扑预测，其中在油气储、产量的预测过程中用得较多的是数列预测方法的关于一个变量、一阶微分的 GM(1,1) 模型。

GM(1,1) 模型是基于随机的原始时间序列，经按时间累加后所形成的新的时间序列呈现的规律可用一阶线性微分方程的解来逼近。经证明，经一阶线性微分方程的解逼近所揭示的原始时间数列呈指数变化规律。因此，当原始时间序列隐含着指数变化规律时，灰色模型 GM(1,1) 的预测将是非常成功的。

进入操作：点击菜单→预测模型→灰色预测模型→选择合适的参数→确定→运行出曲线图和数据：

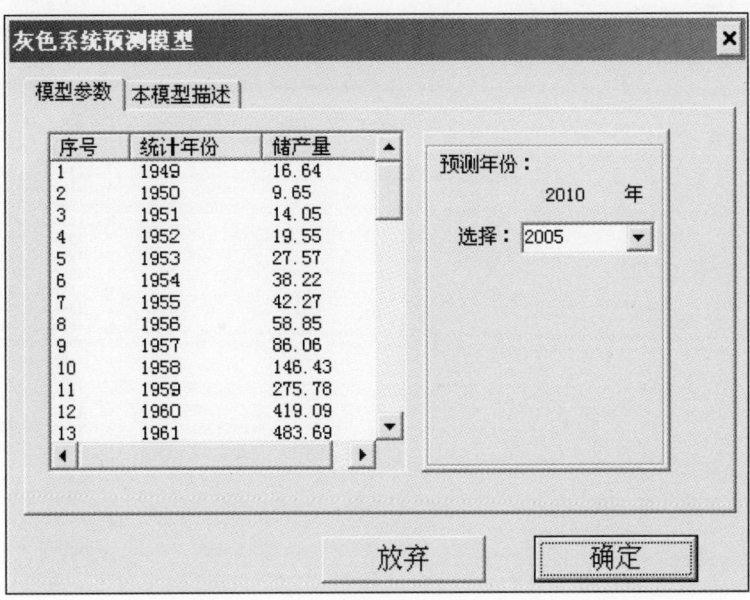

模型简述：

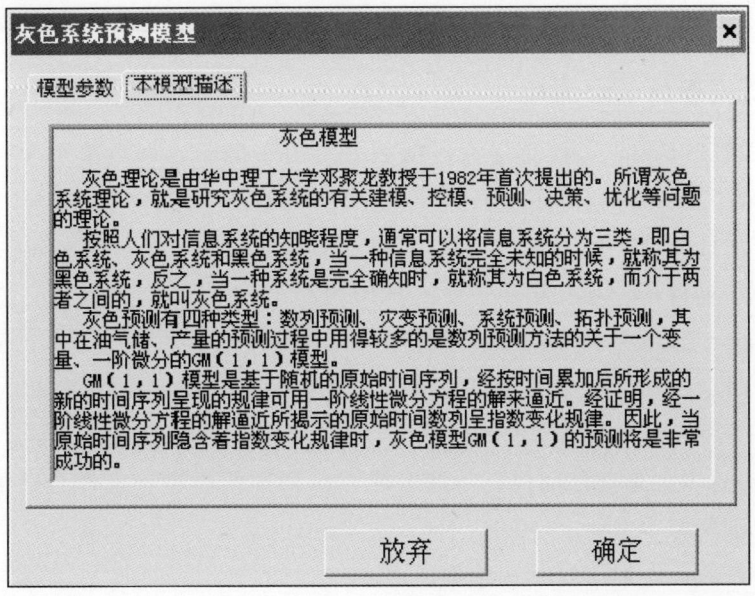

运行效果参考：

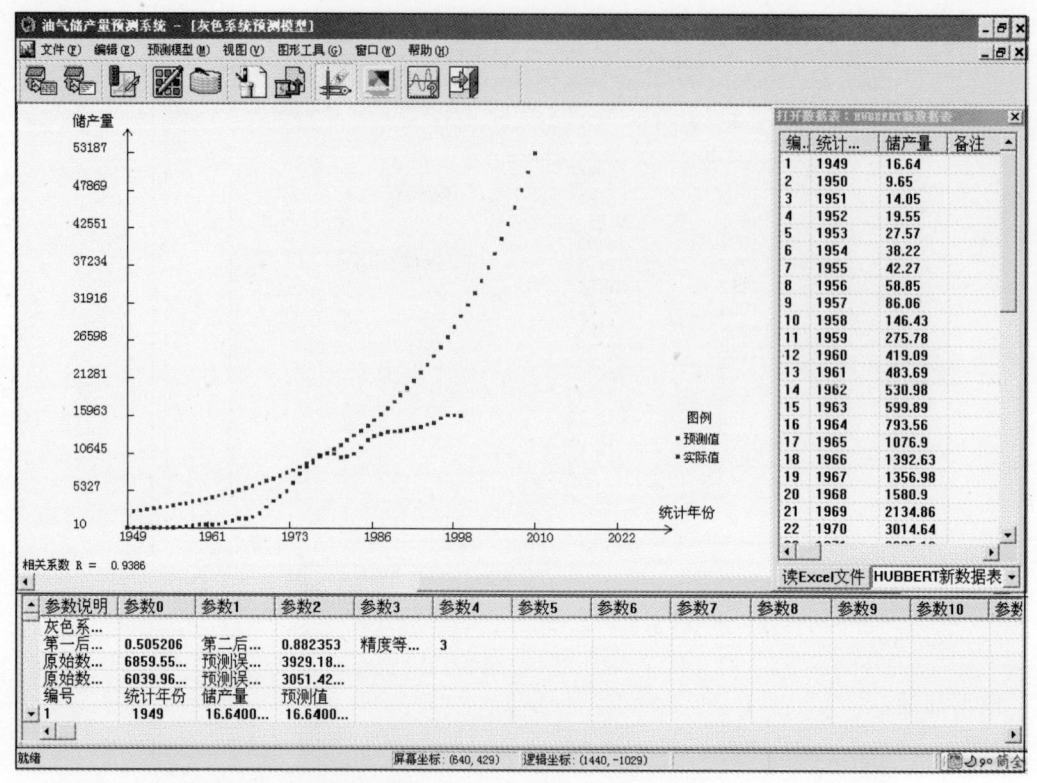

9. 油田规模序列法预测模型

"油田规模"(Oilfield Size)是指油气田的最终可采储量。如果某个含油气区经过详细勘探后，发现了全部油气田，并且查清了每个油田的最终可采储量，那么，

按最终可采储量由大到小进行排列，所得到的顺序称为油田规模序列。

油田规模序列可用帕累托定律关系式来描述：

$$Q_m/Q_n = (n/m)^k$$

式中：Q_m 为序号等于 m 的随机变量的数值；Q_n 为序号等于 n 的随机变量的数值；k 为实数；m,n 为 $1,2,3,\cdots$ 整数序列中的任一数值，但 $m \neq n$。

进入操作：点击菜单→预测模型→油田规模序列预测模型→选择合适的参数→确定→运行出曲线图和数据：

若选择的参数表不对则显示提示框：

只当预测原始数据格式选对后才可进入，当选择合适的参数再点击确定即可运行出曲线图和数据：

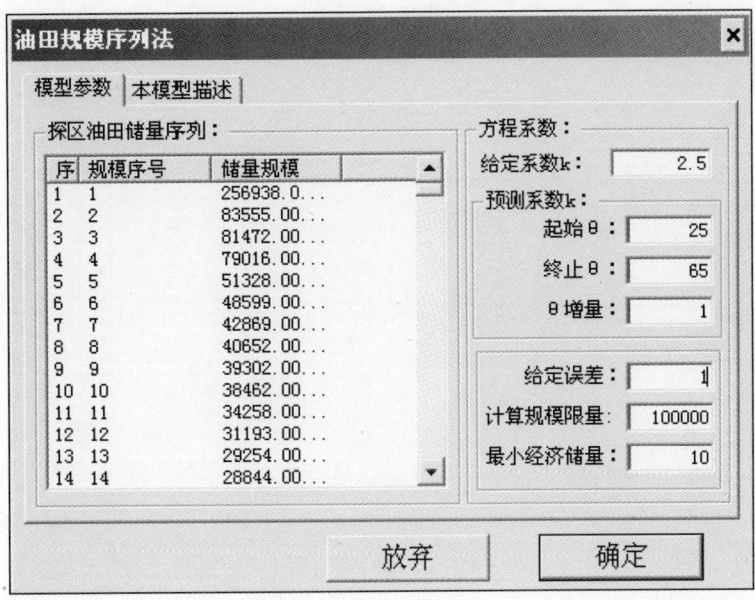

模型简述：

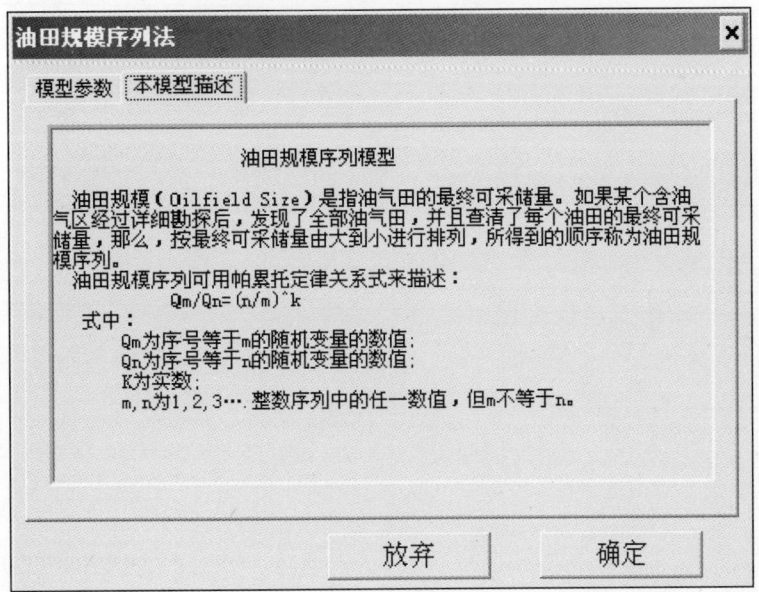

运行效果参考：

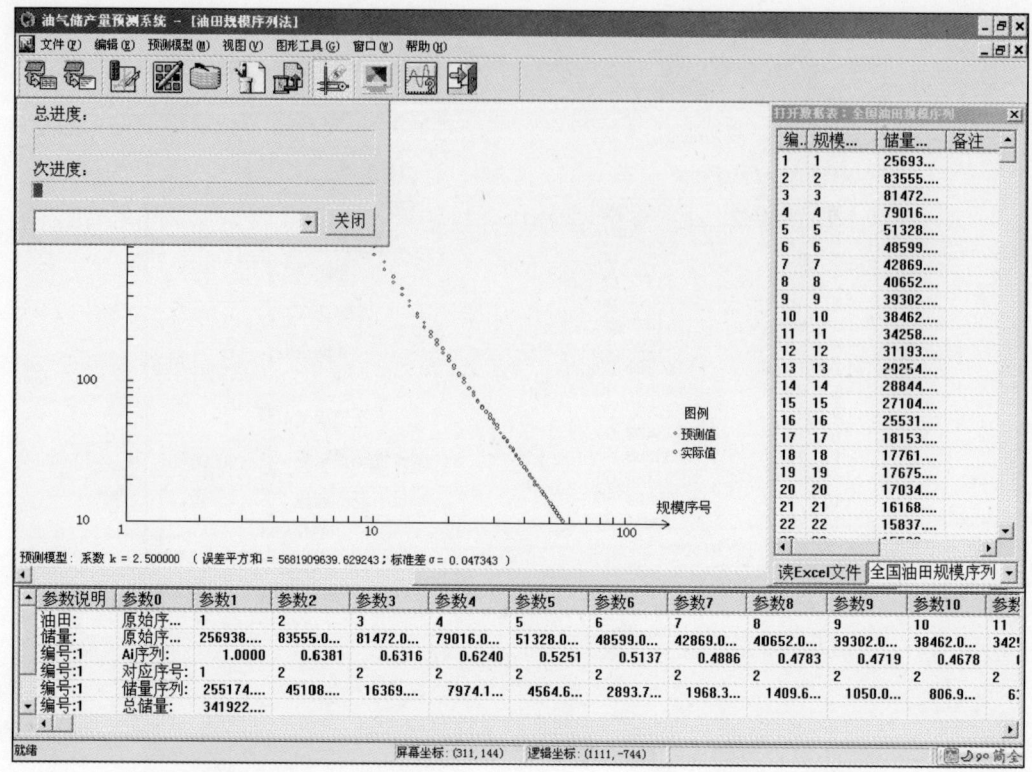

第六章　数据结构定义

•数据要求：

加强油气资源科学合理的调查评价，加强油气资源的规划、管理、保护和合理利用，对提高经济发展的保障能力具有十分重要的意义。

储量增长预测计算需要输入的原始数据包括：油气田的发现年份、最后一次报告（或最新）油气田数据的年份、石油体积、天然气体积。在进行计算之前需要对数据进行整理，确认其满足以下条件：

(1)油气田存在于评价单元中。

(2)油气田发现的详细记录。

(3)油气田发现年份早于所要预测的年份。

(4)油气田仍在开发中，没有废弃。

(5)油气田的报告年份等于或晚于发现年份。

对于满足以上条件的油气田，首先要计算出其年龄（自发现后的年数）。为了预测储量的增长，只计算相对于最后（或最新）报告油气田数据的时间。根据油气田发现获得年数确定出适当的储量增长乘数以用于已知油气体积。报告年份早于现在的油气田规模需要"归一化"处理，以统一到报告日期年底。

•原始数据整理后的基本格式：

编号	统计年份	储产量
1	1949	16.64
2	1950	9.65
3	1951	14.05
4	1952	19.55
5	1953	27.57
6	1954	38.22
7	1955	42.27
8	1956	58.85
9	1957	86.06

编号	统计年份	储产量
10	1958	146.43
11	1959	275.78
12	1960	419.09
13	1961	483.69
14	1962	530.98
15	1963	599.89
16	1964	793.56
17	1965	1076.9
18	1966	1392.63
19	1967	1356.98
20	1968	1580.9
…	…	…

- 油田规模序列法基本格式为：

编号	规模序号	储量规模
1	1	256938
2	2	83555
3	3	34.375
4	4	27.277
…	…	…

本系统提供从 Access 数据库以及 Excel 表两种方式读入预测原始数据。

- Excel 表格式：

利用 Excel 表来准备预测原始数据是一种便捷和直接的方法。

本系统读入预测原始数据的 Excel 表基本格式只有四列数据：

   编号 | 统计年份 | 储产量 | 备注

一旦 Excel 数据表准备好，就可保存成文件待用：

编号	统计年份	储产量	备注
1	1948	0.016	
2	1949	0.052	
3	1950	0.028	
4	1951	0.036	
5	1952	0.037	
6	1953	0.023	
7	1954	0.035	
8	1955	0.036	
9	1956	0.036	
10	1957	0.037	
11	1958	0.048	
12	1959	0.061	
13	1960	0.096	
14	1961	0.141	
15	1962	0.185	
16	1963	0.22	
17	1964	0.25	
18	1965	0.331	
19	1966	0.383	
20	1967	0.412	
21	1968	0.44	
22	1969	0.48	
23	1970	0.514	
24	1971	0.62	
25	1972	0.699	
26	1973	0.706	
27	1974	0.755	
28	1975	0.785	

- 数据库格式:

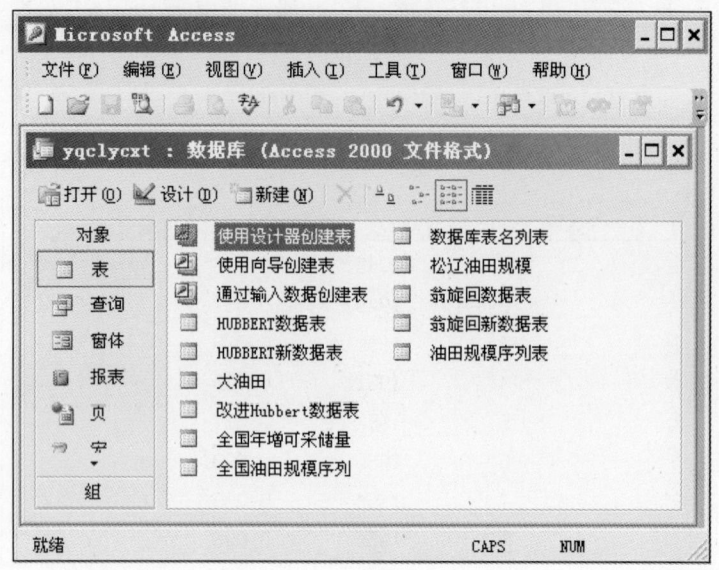

从数据库读入数据首先应该创建一个"数据库表名列表"(安装程序中已集成此表,仅需添加新数据即可),其表格式如下且每个字段的数据类型均是文本型:

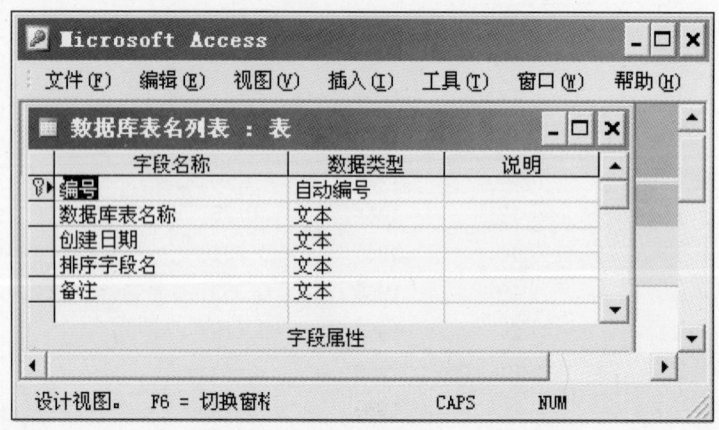

填入数据后形式(最关键的是数据库表名称必填):

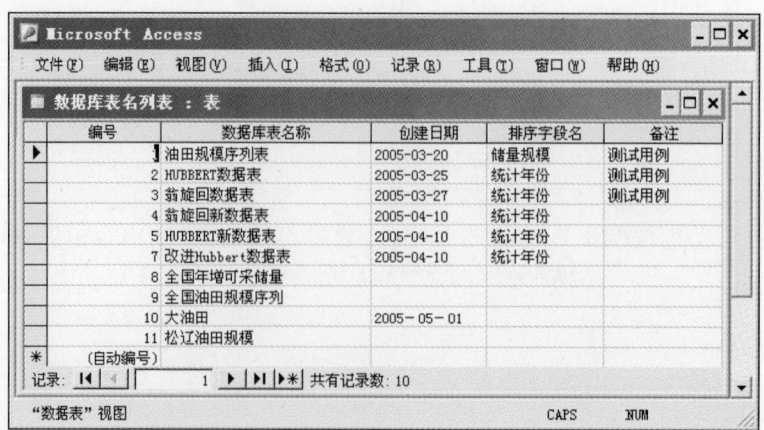

・新建预测原数据表：

当有新的预测数据建表时，先在"数据库表名列表"中新创建一行，将相关数据如：编号、原数据表名称、创建日期、排序字段名、备注 填入其中。

其中：数据库表名称 ＝ 将要创建的新的原数据表的表名（自行定义、必填）；

排序字段名 ＝ 当数据表被读入时，按照此列指定的字段名称进行排序；

一般情况：常规预测数据表的排序字段名为：统计年份

油田规模序列法的排序字段名为：储量规模

接着用[新建]工具创建新的原数据表：

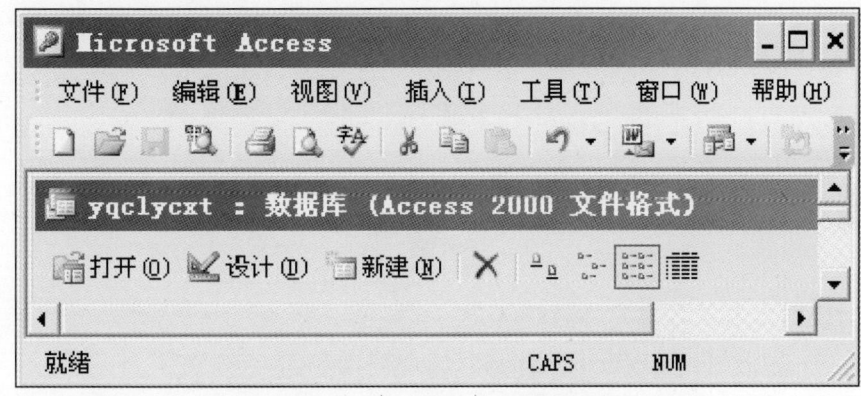

进入[设计视图]：

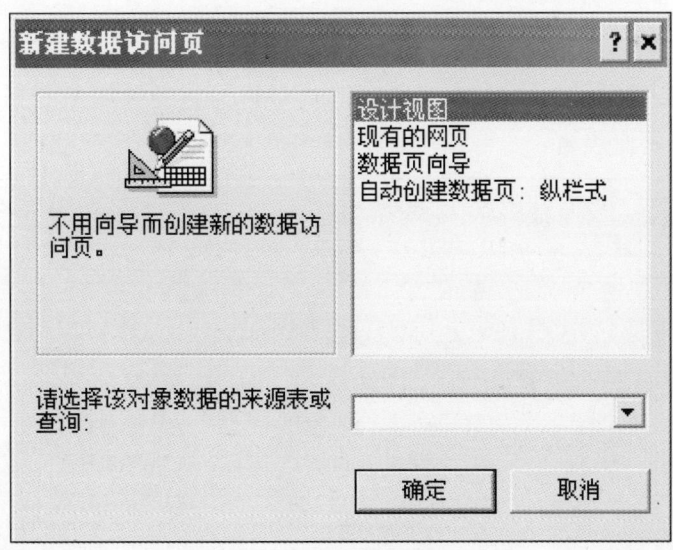

常规预测数据表按照下图创建四个字段，数据类型如下（油田规模序列法的数据表仅将：字段名"统计年份"改为"规模序号"；字段名"储产量"改为"储量规模" 参见以下的：创建新"油田规模序列法"的数据表）：

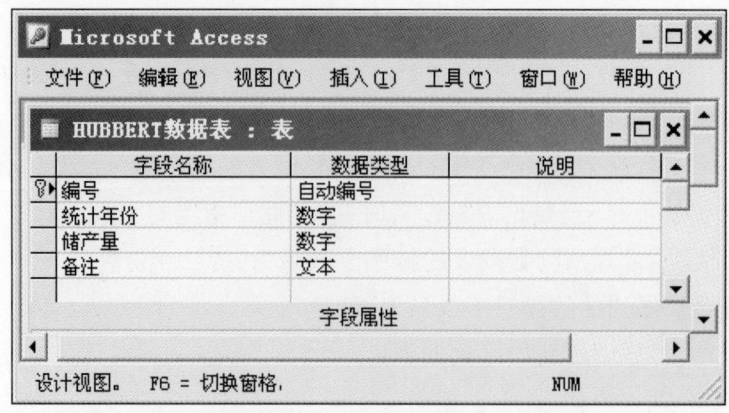

将上面建的表以自行定义的原数据表名称保存：

点击[是]即弹出表名输入对话框：

根据自行定义的数据表名输入，再按[确定]即可为新的预测原数据创建好了一张空的数据表，随后点击此表名：

打开此表：

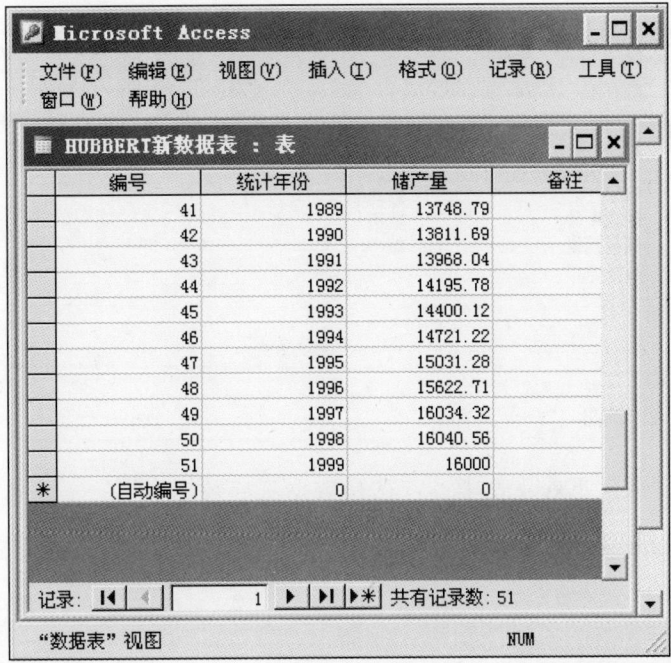

即可将原数据填入其中或从 Excel 表粘贴过来即可为运行预测模型使用了。

·输入预测原数据：

手工输入数据或从 Excel 表通过拷贝－粘贴数据到新建的原数据表里：

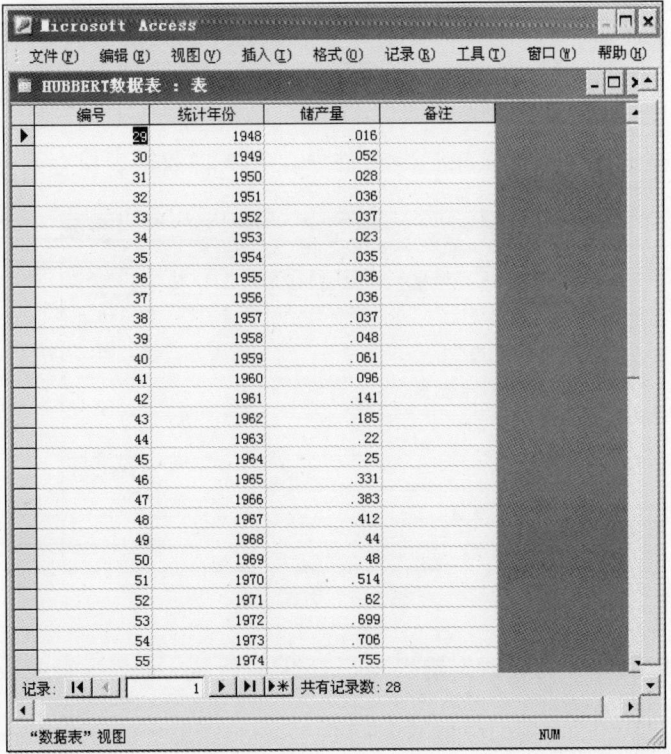

同理,再用[新建]工具创建新"油田规模序列法"的数据表:

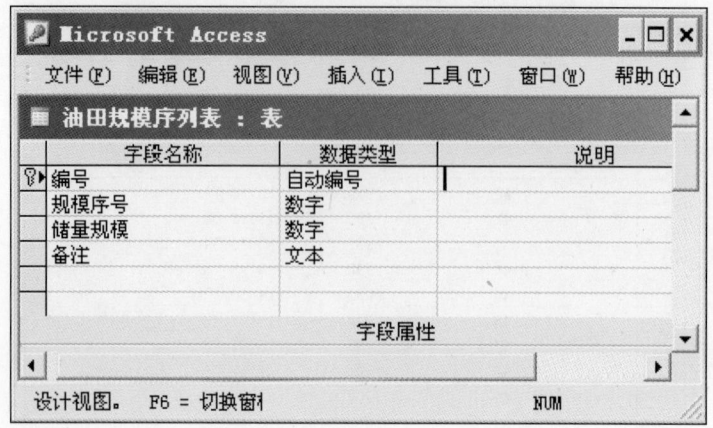

手工输入数据或从 Excel 表拷贝－粘贴数据到原数据表里:

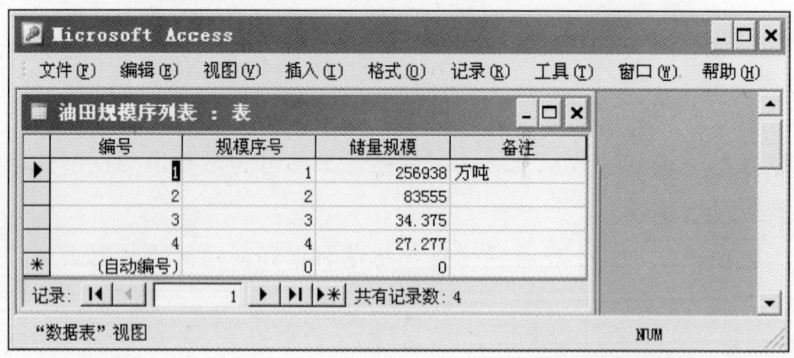

· 保存数据库:

原数据输入完成即可点击菜单栏→文件→保存→将数据表保存于数据库中:

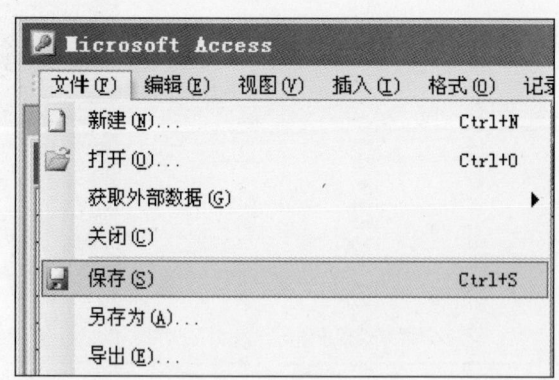

· 使用数据表:

当运行本系统后即可通过数据输入窗口打开某个 Excel 数据表或数据库中的表以选择需要处理的预测源数据。

初始状态,点选右下脚的下拉框或点击[读 Excel 文件]

·点击[读 Excel 文件]

选中某个 Excel 数据表文件,系统将打开该表并读入数据,显示在数据窗体:

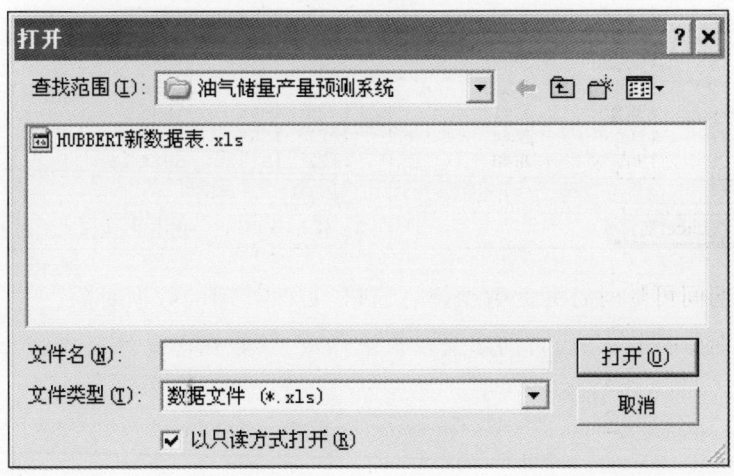

• 点击下拉框：

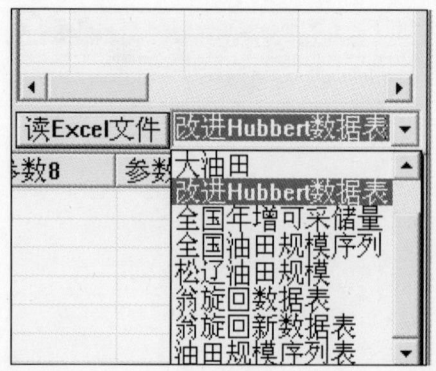

两种方法均可读入预测原数据填入此数据框中,为执行预测模型准备好数据：

编号	统计年份	储产量
1	1948.0	0.016
2	1949.0	0.052
3	1950.0	0.028
4	1951.0	0.036
5	1952.0	0.037
6	1953.0	0.023
7	1954.0	0.035
8	1955.0	0.036
9	1956.0	0.036
10	1957.0	0.037
11	1958.0	0.048
12	1959.0	0.061
13	1960.0	0.096
14	1961.0	0.141
15	1962.0	0.185
16	1963.0	0.22
17	1964.0	0.25
18	1965.0	0.331
19	1966.0	0.383
20	1967.0	0.412
21	1968.0	0.44
22	1969.0	0.48

编..	统计...	储产量	备注
1	1949	16.64	
2	1950	9.65	
3	1951	14.05	
4	1952	19.55	
5	1953	27.57	
6	1954	38.22	
7	1955	42.27	
8	1956	58.85	
9	1957	86.06	
10	1958	146.43	
11	1959	275.78	
12	1960	419.09	
13	1961	483.69	
14	1962	530.98	
15	1963	599.89	
16	1964	793.56	
17	1965	1076.9	
18	1966	1392.63	
19	1967	1356.98	
20	1968	1580.9	
21	1969	2134.86	
22	1970	3014.64	

系统运行期间可随时打开此数据读入窗口,更改处理的数据对象。

本系统数据库打包集成,自动随安装目录存放,其数据库文件名为：yqclycxt.mdb

参 考 文 献

陈元千,胡建国,张栋杰. Logistic 模型的推导及自回归方法[J]. 新疆石油地质,1996,17(2):150－155
陈元千,胡建国. 对翁氏模型建立的回顾及新的推导[J]. 中国海上油气地质,1996,10(05):317－324
邓聚龙. 灰色控制系统[M]. 武汉:华中科技大学出版社,1993
邓聚龙. 灰色系统理论教程[M]. 武汉:华中理工大学出版社,1992
胡建国,陈元千,张盛宗. 预测油气田产量的新模型[J]. 石油学报,1995,16(01):79－87
胡建国,张栋杰,陈元千. 油气田产量预测的模型研究[J]. 天然气工业,1997,17(05):31－34
姜福杰. 应用油藏规模序列法预测东营坳陷剩余资源量[J]. 西南石油大学学报,2008,30(1):54－62
金之钧,张金川. 油气资源评价技术[M]. 北京:石油工业出版社,1999
刘思峰,谢乃明. 灰色系统理论及其应用[M]. 北京:科学出版社,2008
史景钊,陈新昌. 基于 Matlab 和 GM(1,1)模型的 Weibull 分布参数估计[J]. 江西科学,2010,28(3):291－294
孙博文. 分形算法与程序设计[M]. 北京:科学出版社,2004
孙霞. 分形原理及其应用[M]. 合肥:中国科学技术大学出版社,2003
翁文波. 预测论[M]. 北京:石油工业出版社,1984
许晓宏. 应用巴内托定律预测江汉油田潜江组石油地质储量[J]. 江汉石油学院学报,1990,12(1):20－24
尹瑛,徐吉辉,端木京顺. 基于非线性回归最小二乘法的改进 Gompertz 模型参数估计[J]. 空军工程大学学报（自然科学版）,2005,6(6):77－79
赵旭东,崔凤文. 石油资源预测的油田模型法[J]. 石油勘探与开发. 1982,(04):1－7
赵旭东. 石油资源定量评价[M]. 北京:石油工业出版社,1988
赵旭东. 用 Weng 旋回模型对生命总量有限体系的预测[J]. 科学通报,1987,(18):1406－1409
周总瑛,白森舒,何宏. 成因法与统计法油气资源评价对比[J]. 石油实验地质,2005,27(1):67－73
朱杰,车长波,刘成林. 储量增长预测模型的对比分析[J]. 西安石油大学学报(自然科学版),2008,23(5):21－23
朱珉仁. Gompertz 模型和 Logistic 模型的拟合[J]. 数学的实践与认识,2002,32(5):705－709
Anthony J. Hayter. Probability and Statistics for Engineers and Scientists[M]. Brooks/Cole,2011
Bryan Dodson. The Weibull Analysis Handbook[M]. ASQ Quality Press,2006
D. N. Prabhakar Murthy, Min Xie, Renyan Jiang. Weibull Models(Wiley series in Probability and statistics)[M]. Wiley-Interscience,2003
Houghton JCUS Geological survey estimation procedure for accumulation size distribution by play[J]. AAPG Bulletion,1993,77(3):454－466
Hubbert M K. Degree of advancement of petroleum exploration in the United States[J]. AAPG Bulletin,1967,52(11):2207－2227
Jerald F. Lawless. Statistical Models and Methods for Lifetime Data(Wiley Series in Probability and statistics)[M]. Wiley-Interscience,2002